Do estágio supervisionado à profissão biólogo

Ricardo Finotti e Luciana Costa

Do estágio supervisionado à profissão biólogo

Manual do estagiário e do recém-formado
em ciências biológicas – bacharelado

Copyright © 2025 by Ricardo Finotti e Luciana Costa

Todos os direitos reservados e protegidos pela Lei 9.610, de 19.2.1998. É proibida a reprodução total ou parcial, por quaisquer meios, bem como a produção de apostilas, sem autorização prévia, por escrito, da Editora.

Direitos exclusivos da edição e distribuição em língua portuguesa:
Maria Augusta Delgado Livraria, Distribuidora e Editora

Direção Editorial: *Isaac D. Abulafia*
Gerência Editorial: *Marisol Soto*
Diagramação e Capa: *Deborah Célia Xavier*
Revisão: *Doralice Daiana da Silva*
Copidesque: *Lara Alves dos Santos Ferreira de Souza*

Dados Internacionais de Catalogação na Publicação (CIP) de acordo com ISBD

C837e	Finotti, Ricardo
	Do estágio supervisionado à profissão Biólogo: manual do estagiário e do recém-formado em Ciências Biológicas – Bacharelado / Ricardo Finotti, Luciana Costa. – Rio de Janeiro, RJ : Freitas Bastos, 2025.
	188 p. ; 15,5cm x 23cm.
	Inclui bibliografia e anexo.
	ISBN: 978-65-5675-490-1
	1. Ciências Biológicas. 2. Biólogo. 3. Profissão. I. Costa, Luciana. II. Título.
2025-578	CDD 570.23
	CDU 57:331

Elaborado por Odilio Hilario Moreira Junior - CRB-8/9949

Índice para catálogo sistemático:
1. Biologia e mercado de trabalho 570.23
2. Biologia e mercado de trabalho 57:331

Freitas Bastos Editora
atendimento@freitasbastos.com
www.freitasbastos.com

Ricardo Finotti

Professor do curso de Ciências Biológicas e dos cursos da Saúde da Universidade Estácio de Sá (UNESA), presencial e EaD (2013), ministrando as disciplinas relacionadas à Ecologia, Botânica e Estágio Supervisionado em Bacharelado, nesta última também atuando como supervisor. Professor da pós-graduação de Engenharia Ambiental e Sanitária na UNESA (2015). Professor da rede pública estadual do Rio de Janeiro (SEEDUC-RJ), atuando na área de educação básica há 25 anos. Consultor ambiental na área de Ecologia Vegetal e Fitossociologia. Fez Licenciatura e Bacharelado em Ciências Biológicas na Universidade Federal do Rio de Janeiro (1994-1999) e Mestrado (2003) e doutorado (2010) em Ecologia pelo Programa de Pós-Graduação em Ecologia da mesma Universidade (PPGE-UFRJ). É especialista em Ensino de Ciências e Biologia. Atualmente, suas principais linhas de pesquisa são a Ecologia, composição e estrutura de comunidades vegetais naturais, e a Ecologia da flora urbana. Atua também como consultor e analista de projetos ambientais e educacionais.

Luciana Costa

Licenciada em Ciências Biológicas pela Universidade do Estado do Rio Janeiro – Faculdade de Formação de Professores (2002), tem Doutorado (2009) e Mestrado (2005) pelo Programa de Pós-Graduação em Ciências Biológicas/Botânica do Museu Nacional da UFRJ. Atuou por longo período na Prestação de Serviço e Consultoria Ambiental em Qualidade da Água em empresa pública e privada. Dedica-se à docência em Ensino Superior há 12 anos, atuando, até o momento, como professora orientadora em Estágio Supervisionado para Bacharelado.

Sumário

APRESENTAÇÃO..11

Capítulo 1:
Uma breve história da Biologia no mundo e do curso de Ciências Biológicas no Brasil 15

1.1 Uma breve história da Biologia..15

1.2 O curso de graduação em Ciências Biológicas no Brasil................22

Capítulo 2:
Os Conselhos Federal e Regional de Biologia e as áreas de atuação do Biólogo........35

2.1 Os direitos do Profissional Biólogo..38

2.2 Os deveres do Profissional Biólogo..39

2.3 Os Conselhos Federal e Regional de Biologia................................44

2.4 Atribuições dos Conselhos Federal e Regionais............................46

2.5 Estrutura dos Conselhos Federal e Regionais................................48

2.6 Ingressando no curso de Ciências Biológicas................................49

2.7 Atividades Práticas..51

    2.7.1 O candidato à graduação, o estudante e o profissional Biólogo........51

    2.7.2 Planejamento de metas acadêmicas................................52

Capítulo 3:
A Lei do Estágio e orientações básicas ao ingressante no Estágio Supervisionado___55

3.1 Das partes envolvidas no Estágio e da Celebração do Contrato de Estágio___58

3.2 O Estágio Supervisionado e a formação do estudante de Ciências Biológicas___70

3.3 Imagem profissional: importa para os estagiários?___74

3.4 Ética e Competências___87

3.5 Atividade prática___88

    3.5.1 Testando qualidades essenciais ao estagiário___89

Capítulo 4:
Competências e Habilidades do estudante de Biologia___93

4.1 Chave___94

4.2 Atividade Prática___102

    4.2.1 Árvore de Competências___102

4.3 Perfil do Egresso___106

4.4 Pensando no seu currículo e sua projeção profissional___112

Capítulo 5:
O Relatório de Estágio Supervisionado Obrigatório___123

5.1 Atividade de estágio, trabalho acadêmico e relatório___123

5.2 Estrutura do relatório___125

5.3 Etapas da construção de um trabalho acadêmico e relatório___129

    5.3.1 O texto científico___129

    5.3.2 Tipos de trabalhos acadêmicos___130

    5.3.3 A escrita de um artigo científico___132

    5.3.4 Pesquisa em base de dados (bibliografia)___134

5.3.5 Metodologia do trabalho_____137

5.3.6 A apresentação de um trabalho_____141

5.3.7 Discussão_____143

5.4 A Importância da Leitura _____144

5.5 Atitudes e apresentação de trabalhos_____148

5.6 Critérios para a publicação de trabalhos e escolha do local de publicação150

Capítulo 6:
O Mercado de Trabalho em Ciências Biológicas - Bacharelado_____155

6.1 Considerações gerais sobre a Atuação Profissional do Biólogo Bacharel___155

6.2 Panorama das áreas, das subáreas e das atividades profissionais do Biólogo ___158

6.3 Tendências de mercado em Biologia_____163

CONSIDERAÇÕES FINAIS_____169

ANEXO QR CODES_____171

REFERÊNCIAS_____173

APRESENTAÇÃO

B em-vindo(a) ao presente livro, cujas linhas, páginas e capítulos oferecem trilhas de informações para elucidar suas dúvidas, aluno, e auxiliar suas decisões no âmbito do estágio supervisionado em Ciências Biológicas.

Além disso, sentimos a necessidade de contar a história da Biologia, de sua origem e seu nascimento como ciência, assim como algumas de suas peculiaridades, marcos legais e outras informações que lhe ajudem a entender a profissão à qual escolheu se dedicar.

Ao longo de anos atuando em diversas áreas da biologia, na pesquisa e na consultoria, mas principalmente como docentes, coordenadores de curso e professores orientadores de estágio supervisionado obrigatório na Graduação em Ciências Biológicas, deparamo-nos com dúvidas de graduandos quanto à atuação profissional, além de termos constatado que grande parte dos alunos não possui informações básicas sobre as possibilidades de carreira e de atuações profissionais do biólogo. Observamos alunos que perderam oportunidades em virtude desse desconhecimento, ao passo que outros, ao buscarem orientação, descobriram novas áreas de atuação e se aventuraram por novas oportunidades.

Outro aspecto interessante observado nos alunos é o desconhecimento da história da própria profissão. Efetivamente, a história de um curso de graduação exerce influência sobre a estrutura curricular, e, consequentemente, impacta o perfil do egresso, logo o do profissional biólogo.

Por isso, reunimos aqui informações sobre a história da Biologia no nosso país, alguns nomes importantes, os marcos legais e históricos que, ao longo do tempo, resultaram e consolidaram aquela que é, na nossa visão, a mais bela e emocionante carreira existente (modéstia à parte).

A começar pela Teoria Central da Biologia, o fato evolutivo, que nos fornece uma das mais belas e mais completas explicações para a vida. Entender como as espécies podem ter surgido e como elas se diversificaram ao longo do tempo é viajar pela história da Terra e contemplar a beleza de todos os seres vivos, entendendo nossa ancestralidade e nossa ligação como todas as outras formas de vida existentes, e a necessidade de preservação dos diferentes modos de vida e culturas.

Com a evolução provocada pelas ciências e tecnologias, a área biológica foi adquirindo ramificações, aumentando em complexidade e diversificando suas possibilidades e aplicações. Esperamos aqui contar esta história e, com isso, contextualizar as atividades hoje existentes no âmbito da atuação profissional do biólogo, ressaltando a importância da realização do estágio para a escolha do caminho a seguir nessa jornada após a graduação.

Atualmente, cada vez mais expandem-se as áreas de atuação do Biólogo. Frequentemente, novas resoluções são publicadas pelo Conselho Federal de Biologia (CFBio), que dispõem sobre a inclusão dos biólogos como profissionais habilitados a atuar em determinada atividade, com atribuições e funções devidamente definidas.

Para além de (re)conhecer as áreas de atuação do biólogo e suas habilitações, faz-se relevante compreender o impacto dessas conquistas para a sua vida profissional. Isto porque grande parte delas tem como origem o autorreconhecimento de um profissional biólogo como competente para exercer certa atividade, o que requer, portanto, sua regulamentação e habilitação para tanto.

Logo, é indispensável compreender o que nos compete em cada uma das áreas de atuação e as respectivas habilitações por essa abrangidas. Quem sabe você não descobre que existem muito mais possibilidades de atuação na Biologia do que você imaginava?

Com este livro, esperamos que você aproveite ao máximo a disciplina Estágio Supervisionado. Esperamos que sua vivência como estagiário seja capaz de, verdadeiramente, permitir que consiga desenvolver competências e habilidades imprescindíveis à sua vida profissional e à(s) área(s), à(s) função(ões) e ao(s) cargo(s) profissionais ao(s) qual(is) pretende se dedicar.

Para isso, em alguns capítulos, propusemos atividades práticas e reflexivas que devem ser realizadas individual e/ou coletivamente. Em geral, as atividades práticas são individuais e buscam fornecer subsídios para um melhor planejamento dos seus compromissos cotidianos relacionados à graduação e ao estágio supervisionado. No entanto, tais atividades têm como objetivo procurar desenvolver um pensamento crítico sobre sua contribuição na sociedade, enquanto estudante e profissional, seu engajamento nas atividades do curso, a identificação de suas habilidades e competências adquiridas e aquelas que precisam ser desenvolvidas para melhor aproveitamento da sua jornada acadêmica e, futuramente, profissional.

Desse modo, apesar de o presente livro ser essencialmente dedicado às orientações sobre o estágio supervisionado, em termos normativos, práticos e teóricos, acreditamos que as noções aqui contidas funcionem como um "manual do aluno (e do egresso)," para a vida além da graduação e das frequências nas disciplinas curriculares.

Assim, esperamos que este livro seja útil e que ajude você, que escolheu ser biólogo, a tomar a melhor decisão na sua carreira e aproveitar ao máximo a disciplina Estágio.

Boa leitura.

Capítulo 1

Uma breve história da Biologia no mundo e do curso de Ciências Biológicas no Brasil

1.1 Uma breve história da Biologia

A Biologia, enquanto ciência, é relativamente nova. Embora já na Grécia antiga filósofos como Aristóteles (século IV a.C.) e outros tenham feito contribuições significativas para o conhecimento das ciências biológicas, foi somente a partir do século XVI, com o progresso nas áreas médicas (como Anatomia, Embriologia e Fisiologia) e nas Ciências Naturais, de maneira mais abrangente, que a Biologia começou a se consolidar como uma ciência. Aristóteles e seu discípulo Teofrasto foram pioneiros na classificação dos elementos da natureza, porém o fizeram de maneira utilitária, relacionando-os aos seus benefícios ou desvantagens para o ser humano, baseando-se principalmente em seu uso como alimento e caça.

Até a década de 1950, estudiosos que se dedicavam à compreensão do ambiente natural eram chamados de "Naturalistas", e a denominação "Biólogo" ainda não existia. Isso porque a história do curso de Ciências Biológicas está intimamente associada ao avanço do conhecimento sobre o ambiente natural, herdado do pensamento aristotélico e perdurado até o século XVIII como aquilo que era compreendido por Filosofia Natural (CRBio-01, s.d.).

Paralelamente à Filosofia Natural, ramo de conhecimento em intensa difusão na Idade Clássica, outro campo de estudo sobre a vida se revelava. Tratava-se das áreas dedicadas aos cuidados com a saúde, a prevenção de doenças e a compreensão acerca do funcionamento do corpo humano, legados das culturas milenares que se assentaram no mundo ocidental a partir das publicações dos estudos de filósofos gregos que viveram durante o Período Helenístico (Stülp; Mansur, 2019).

Na Grécia antiga, os postulados de Aristóteles e os Tratados de Medicina de Hipócrates de Cós (460-377 a.C.-370 a.C.) e Cláudio Galeno (129-217 a.C.) forneceram contribuições para o campo de estudo da anatomia e da fisiologia humana, cujo objetivo era compreender a estrutura e o funcionamento do corpo humano (Stülp; Mansur, 2019).

Já a partir do século I a.C., apesar da estagnação científica que se estabeleceu na Europa – sobretudo, durante a consolidação e a expansão do Império Romano (27 a.C. com 476 d.C.) e o avanço da Idade Média (século V d.C.-século XV) – no Oriente Médio ocorria uma "ebulição" na produção de conhecimentos que prosperou consideravelmente nos campos da astronomia, da álgebra e da navegação, resultante da produção de conhecimento de filósofos árabes, mormente oriundos do Islã Medieval (Braga *et al.*, 2007).

Com o declínio da Idade Média na Europa, definitivamente, houve uma mudança severa no quadro conceitual daquilo que viria a ser chamado de Biologia, e que se estabelecia como um dos domínios da ciência. Agora não mais como uma interpretação utilitária dos componentes da natureza, como ocorria desde o pensamento aristotélico, mas como campo de pesquisa criado por meio de métodos sistematicamente construídos. Tratava-se do início de uma nova etapa na história do mundo que conhecemos como a Idade Moderna.

Já no início da Idade Moderna (meados do século XV), pesquisadores europeus se debruçaram sobre os estudos árabes, traduzindo-os, reproduzindo-os e refinando-os em crescente produção científica baseada em centenas de pesquisas empírico-experimentais. Tal produção, em diversos campos do conhecimento científico, como o das ciências físicas, matemáticas, geológicas, biológicas, foi propagada por todo o mundo ocidental. Esse período, que varia entre meados do século XV (Renascimento Científico) e tem sua consolidação no século XVIII, foi também referido como Revolução Científica.

Desde então, emergiram os alicerces teóricos, metodológicos e institucionais da Ciência Moderna e, consequentemente, do que seria chamado mais adiante de Biologia Moderna pelos historiadores. A Ciência Moderna, na qual se insere a Biologia Moderna, caracteriza-se pela confluência de dois caminhos que até então eram percorridos individualmente: a Ciência e a Técnica. Essa conjunção entre ciência e técnica resultou em intensa colaboração e compartilhamento de saberes entre cientistas e profissionais de ofício como ferreiros e carpinteiros, por exemplo (Henry, 1998), fundamentais para a criação de inventos, máquinas e equipamentos utilizados nos estudos empírico-experimentos.

Para além das produções de conhecimento individuais ou coletivas, nesse período, sobretudo durante o século XVII, foram criadas e difundidas as instituições voltadas à formação científica e à pesquisa em vários campos de conhecimento da ciência como Física, Química, Morfologia e Embriologia, Botânica, Zoologia, Geografia, dentre outras. Entre as categorias de instituições, destacam-se as Academias, os Gabinetes de Curiosidade (precursores dos Museus), as Bibliotecas, os Jardins Botânicos e Zoológico, a princípio financiadas pela nobreza. Obviamente, a criação de tais instituições fomentou ainda mais a pesquisa.

A título de exemplo, podemos citar a sanção da fundação da Sociedade Real na Inglaterra, em 1662, por Carlos II. A Sociedade Real Inglesa configurou-se como instituição de fomento à pesquisa sobre o conhecimento natural (física, química e biologia), mas congregava médicos, matemáticos, astrônomos, físicos, químicos, botânicos, dentre outros profissionais. Tal Sociedade existe até hoje, afiliada a outras instituições de pesquisa, e preserva sua característica de fomento às pesquisas no campo das ciências.

Atravessando séculos em crescente avanço científico, o período compreendido no âmbito do que se reconhece por Revolução Científica reúne expoentes da ciência, cuja relevância dos legados para a civilização ocidental é inquestionável. Podemos citar alguns nomes como Leonardo da Vinci e sua contribuição para o entendimento da Anatomia Humana e da Biomecânica, Luigi Galvani, seu entendimento sobre a bioeletricidade, Carl Linneu e sua proposição do Sistema Binomial de Classificação das espécies, dentre muitos outros (Rosa, 2010). Uma particularidade desse período, como é peculiar da técnica, é a visão mecânica do funcionamento do corpo e, portanto, da vida.

No entanto, a Biologia, o estudo da vida, tem peculiaridades que não podiam ser explicadas pelas teorias mecanicistas vigentes da Física, da Química e da Matemática. Ou seja, a propriedade de se estar vivo sempre foi um enigma para os filósofos, e a explicação de que organismos vivos podem ser comparados a máquinas não satisfazia muitos filósofos.

Entre o fim do século XVIII e meados do século XX, já na Idade Contemporânea, surge a Teoria Vitalista ou vitalismo, idealizada pelo químico sueco Jöns Jakob Berzelius, em 1807, que postulava que, assim como o movimento dos planetas e das estrelas pode ser explicado por uma força oculta chamada gravitação, os movimentos e outras manifestações de vida poderiam ser explicados por uma força invisível, chamada de *Lebenskraft* ou *vis vitalis* ou ainda, em português, força da vida. Por conta dos avanços em química, bem como em outras áreas do conhecimento como a genética e a biologia molecular, e por não ser possível demonstrar tal força por meio de diversos experimentos, o vitalismo foi abandonado (Mayr, 2005). Mais precisamente, pouco tempo depois de idealizada, descobriu-se, a partir de experimentos químicos, que não era possível extrair de nossos fluidos o componente que nos fornecia "a força vital", sobretudo o experimento de Friedrich Wöhler, em 1828, de extração da ureia a partir da urina.

Explicações teleológicas também foram utilizadas para se tentar explicar os fenômenos biológicos. A teleologia pode ser lida como a explicação de processos naturais que podem ser conduzidos automaticamente a um fim definido ou a uma meta. Além disso, filósofos como Kant tentaram explicar o mundo biológico por meio das leis newtonianas. Todas estas tentativas foram malsucedidas, pois não havia explicação que pudesse acessar a resposta para compreender como se mantêm as formas de vida. Seria necessário investigar se a Biologia, a vida, não seria regida por certos princípios adicionais, que não fossem aplicáveis à matéria inanimada.

A formalização da Teoria da Evolução de Charles Darwin, com a publicação da **Origem das Espécies**, em 1859, formou as bases para o estabelecimento da Biologia como ciência autônoma, pois admitia a variação e o acaso como processos importantes na explicação da vida e sua evolução, contrapondo princípios importantes, tidos como universais, tais como o Essencialismo, o Reducionismo e o Determinismo. A consolidação do pensamento evolucionista forneceu um quadro conceitual geral para a Biologia Moderna, segundo o biólogo russo Theodosius Dobzhansky: "Na Biologia nada faz sentido, exceto à luz da evolução" (Dobzhansky, 1973, p. 125). Do ponto de vista prático, também permitiu que pudéssemos separá-la em dois campos: Biologia Funcional e Biologia Histórica (Mayr, 2005).

A biologia funcional[1] ocupa-se da compreensão dos sistemas biológicos, ou seja, busca elucidar "como" funcionam os sistemas, os órgãos, as células, as biomoléculas, o genoma, as rotas metabólicas e demais componentes estruturais dos seres vivos, sendo essas denominadas "causas próximas", pois

---

1   A biologia funcional lida com como os sistemas biológicos funcionam, explicados de maneira mecanicista pela física ou pela química, e a biologia histórica envolve a incorporação da dimensão histórica dos processos e fenômenos, a biologia evolutiva é um exemplo de biologia histórica.

são de fácil acesso e investigação por meio de ensaios laboratoriais. Já a biologia evolutiva ocupa-se dos estudos do "porquê" da evolução, da ocorrência e distribuição dos organismos pelo planeta, bem como as causas e os fatores correlatos, também sendo denominadas "causas últimas", ou seja, fenômenos remotos ou de difícil monitoramento.

Avanços importantes da Biologia no século XIX incluem as formulações e publicações sobre a Teoria Celular de Theodor Schwann e Matthias Schleiden, as Teorias da Evolução por Darwin e Wallace, o declínio da Abiogênese e o estabelecimento da Biogênese, a descoberta da imunização antirrábica por Louis Pasteur, bem como os experimentos de Mendel e sua descoberta dos "fatores hereditários".

Já no século XX, marcos importantes foram a Teoria Cromossômica da Herança, por Boveri e Sutton, e os estudos que a antecederam, o estudo da radioatividade, por Marie Curie, os estudos sobre a estrutura do DNA, por Rosalind Franklin, James Watson e Francis Crick, dentre muitas outras. A partir de então um avanço vertiginoso das ciências e tecnologias alavancou durante os anos seguintes até chegarmos à contemporaneidade.

Diante desse breve resgate histórico da construção da biologia no mundo e a evolução dos temas que se convergem nessa área de conhecimento, faz-nos pensar nas possibilidades de áreas de atuação hoje existentes nas ciências biológicas e nas que, provavelmente, surgirão ao longo da história do curso. Essa breve história encontra-se resumida no Quadro 1.1.

Quadro 1.1 - Sumário dos eventos que contribuíram para o progresso das ciências biológicas ao longo da história.

Idade Clássica
Intensificação dos estudos dos elementos biológicos e físicos da natureza por filósofos gregos.
Contribuições para a Anatomia, a Fisiologia humana, e causas e tratamento das doenças.
Idade Média
Estagnação da pesquisa e da produção de conhecimento na Europa.
Consolidação da Astronomia pelos árabes.
Idade Moderna
Crescente produção científica na Europa baseada nas produções árabes.
Confluência entre ciência e técnica, e estudos empírico-experimentais no campo da física, da geologia e da biologia.
Idade Contemporânea
Consolidação do pensamento evolucionista.
Teoria Celular.
Teoria Cromossômica da Herança.
Teoria Neodarwinista.

Fonte: Elaborado pelos autores.

A construção histórica de um campo da ciência, bem como seu êxito, antecede a gênese de cursos de graduação a essa associados. Assim foi com a Biologia. Confluente com tantas áreas de conhecimento, a Biologia é, em si, múltipla no que se refere aos conteúdos curriculares que abrange. Portanto, proporciona a formação de um profissional generalista, o que justifica sua estrutura curricular tão ampla.

Diante da história desse campo de conhecimento, a Biologia e os cursos de graduação a ela associados já receberam diferentes nomes, propostas e estruturas curriculares. Vamos conhecer um pouco mais sobre a história do curso de Ciências Biológicas no Brasil e quais foram os nomes recebidos pelo curso ao longo do tempo?

1.2 O curso de graduação em Ciências Biológicas no Brasil

No Brasil, em 1934, foram criados os primeiros cursos de Biologia sob o nome de Ciências Naturais, na Faculdade de Filosofia, Ciências e Letras da Universidade de São Paulo (FFCL/USP), e de História Natural, na Universidade Federal do Rio de Janeiro (UFRJ). Em 1942, o curso de nível superior em Ciências Naturais da FFCL/USP (Figura 1.1) passou a denominar-se Curso de História Natural.

Figura 1.1 - Prédio da Faculdade de Filosofia, Ciências e Letras da Universidade de São Paulo (FFCL/USP).

Fonte: Faculdade de Filosofia, Ciências e Letras de Ribeirão Preto (foto: divulgação). Disponível em: https://www.ffclrp.usp.br/.

Em seguida, outros cursos de História Natural foram criados em outras universidades federais do Brasil, como na Universidade Federal de Minas Gerais (UFMG) e na Universidade Federal do Paraná (UFPR), em 1942 e 1943, respectivamente. Cada vez mais cursos de História Natural eram criados nas universidades federais do país, mas a formação de profissionais "naturalistas" não era preponderante e prestigiada como a formação de profissionais médicos, engenheiros, dentre outros profissionais liberais.

Originalmente, os cursos de História Natural visavam mormente a formação de docentes para o ensino de ciências e de aspectos relacionados à zoologia, botânica e parasitologia que pudessem auxiliar na área médica ou na área ambiental mais aplicada, tais como controle de pragas, zoonoses, dentre outras atividades correlatas.

Em São Paulo, o primeiro estado a criar o curso, regulamentado pelo Decreto Estadual nº 6.283, de 25 de janeiro de 1934 (São Paulo, 1934), a graduação em História Natural apresentava duração de três anos, com maior peso das disciplinas dedicadas ao estudo da biota como Biologia Geral, Botânica, Zoologia e Fisiologia (geral, animal e vegetal), pois, originalmente, eram estudadas em todos os anos do curso (Quadro 1.2).

Além dessas, a grade curricular incluía outras disciplinas voltadas ao estudo do meio físico, representadas pela Mineralogia, pela Petrografia e pela Geologia, pois era de se esperar que o mundo natural fosse compreendido por profissionais naturalistas. Mais do que isso, buscava-se identificar e mapear o potencial brasileiro para a exploração de recursos minerais aqui existentes, caracterizando-se, portanto, como ramo científico aplicado da História Natural.

Em 1945, um quarto ano de estudo foi adicionado para incluir a disciplina de Didática e outras afins, visando à habilitação em docência. Como docentes, profissionais "naturalistas" ministravam aulas no ensino médio (3º ano) nas disciplinas de "Ciências e Saúde" e concorriam com profissionais das áreas médicas, tais como médicos, enfermeiros e dentistas, no ensino de cuidados com a saúde. Igualmente concorriam com agrônomos e veterinários nas disciplinas de Botânica e Zoologia do ensino médio, respectivamente.

Na formação do curso de Ciências Biológicas da Universidade de Santa Maria (UFSM), por exemplo, os professores que compuseram os cursos iniciais de História Natural eram provenientes de outras faculdades preexistentes tais como Medicina, Farmácia e Agronomia, ou seja, ainda não eram naturalistas, pois ainda não havia profissionais formados no Brasil. Particularmente em Santa Maria, o curso foi criado com o objetivo inicial de formar professores segundo os preceitos da Faculdade de Filosofia, Ciências e Letras (FFCL), por isso era composto tanto de professores de área de humanas quanto das ciências ditas físicas (Pedroso; Selles, 2014). Observamos então que algumas diferenças curriculares entre cursos de História Natural já existiam naquela época, pois visavam atender demandas locais de alocação no mercado de trabalho.

Quadro 1.2 - Primeira Matriz Curricular do curso de História Natural da Faculdade de Filosofia, Ciências e Letras da USP (FFCL/USP).

1º ano

Física Experimental
Mineralogia (inclusive Petrografia)
Biologia Geral
Botânica
Zoologia

2º ano

Geologia
Química Biológica
Botânica
Zoologia
Fisiologia Geral

3º ano

Biologia Geral
Fisiologia Animal
Fisiologia Vegetal
Geologia

Fonte: IB-USP (s.d.).

Na década de 1950, foram incluídas na grade curricular do curso de História Natural as disciplinas relacionadas à Genética e Fisiologia, bem como outras disciplinas da área pedagógica, além da Didática, como a Sociologia da Educação, a Didática Geral e a Especial, a Administração Escolar e a Psicologia do Desenvolvimento (Wortman, 1996). A inclusão de disciplinas pedagógicas cada vez mais fazia-se necessária para atender à enorme demanda de professores para o ensino fundamental, o qual experimentava um processo de intensa expansão no país. Desde o final da década de 1950, os egressos do curso de História Natural já eram reconhecidos por "Biologistas", no entanto, a Biologia ainda não era considerada uma disciplina científica ou um curso de graduação no país.

Apenas a partir da década de 1960 é que o curso sofre modificações que justifiquem a mudança do seu nome e da estrutura curricular. No ano de 1963, foi deferido o desmembramento do curso de História Natural em Ciências Biológicas e Geologia por meio do Parecer CESu nº 5/1963 (Araujo *et al.*, 2014). O curso de Ciências Biológicas, por sua vez, passou a ser oferecido como Bacharelado – Modalidade Médica e Licenciatura de 2º Grau.

Assim, em 1963, surge definitivamente o curso de Ciências Biológicas. O curso de História Natural, por sua vez, é definitivamente extinto nas universidades brasileiras apenas seis anos depois. Em 1964, a Faculdade de Filosofia, Ciências e Letras, da Universidade de São Paulo, cria o curso de Ciências Biológicas, já utilizando esta denominação e solicita ao Conselho Federal de Educação (CFE) a fixação das disciplinas pedagógicas no currículo mínimo do curso sob a justificativa de melhorar a formação dos docentes que ensinavam Ciências Físicas e Biológicas, no ciclo ginasial, e Biologia, no ciclo colegial (Wortmann, 1996; Gustavo; Galieta, 2017).

Em 1968, a Associação Paulista de Biologistas (APAB) é fundada com a participação de nomes proeminentes de professores como Paulo Emílio Vanzolini e Carlos Eduardo de Mattos Bicudo. Em 1968, ocorrem a reforma universitária e o Parecer CFE nº 107/1970 (Resolução de 4 de fevereiro de 1970) do CFE que mudam as matrizes curriculares. Na reforma de 1968, são extintas as cátedras,[2] sendo criados os centros de estudos e departamentos, e é

---

2 Do latim *cathedra* (que, por sua vez, tem origem em um vocábulo grego que significa "assento" ou "cadeira"), a cátedra é a disciplina (ou a cadeira) que ensina um catedrático (um professor que tenha preenchido determinados requisitos para partilhar conhecimentos e que tenha alcançado o posto mais alto na docência). O termo também é usado para fazer referência à função e ao exercício do catedrático (https://conceito.de/catedra).

institucionalizada a pesquisa por meio do estímulo à pós-graduação. A criação de departamentos possibilita a concentração de determinados cursos e lhes dá maior autonomia, inclusive com espaços físicos exclusivos (Fávero, 2006).

Além disso, o Parecer CFE nº 107/70 estabelece a nova denominação do curso de Ciências Biológicas, prevendo duas modalidades, a Licenciatura e o Bacharelado (este na modalidade Biomédica), e propondo modificações curriculares com relação ao Parecer CFE nº 315/62, bem como estabelece os currículos mínimos de cada modalidade. Os novos currículos propostos visavam atender as atividades no magistério do nível médio (Quadro 1.3); as atividades de pesquisa vinculadas ao ensino superior e à indústria; e os trabalhos laboratoriais de Biologia aplicada à Medicina (Pedroso; Selles, 2014).

Importante ressaltar que essas modificações envolvem dinâmicas diferentes nas universidades, o Curso de Biologia teve sua denominação alterada várias vezes entre os anos de 1930 e 1970-1975, com particularidades em cada uma das universidades. Na Universidade Federal do Rio Grande do Sul (UFRGS), por exemplo,

> prevista para chamar-se Ciências Naturais, quando em 1934 foi organizada a Universidade de Porto Alegre, ela foi implantada em 1942, quando foi criada a Faculdade de Filosofia, com o nome de História Natural, para atender a determinações legais superiores e, posteriormente, pelo mesmo motivo, passou a chamar-se, sucessivamente, Ciências Biológicas, em 1972, e Ciências: habilitação Biologia em 1975. Finalmente em 1989, por decisão da Comissão de Carreira, o curso voltou a chamar-se Ciências Biológicas (Wortmann, 1996, p. 81).

Quadro 1.3 - Currículo mínimo das modalidades do curso de Biologia.

TRAÇOS COMUNS AOS CURSOS	LICENCIATURA EM CIÊNCIAS BIOLÓGICAS	BACHARELADO EM CIÊNCIAS BIOLÓGICAS (MODALIDADE MÉDICA)
• Biologia Geral, incluindo: – Citologia; – Genética; – Embriologia; – Evolução; – Ecologia. • Matemática Aplicada. • Física e Biofísica. • Química e Bioquímica. • Elementos de Fisiologia Geral, de Anatomia e Fisiologia Animal.	• Zoologia, incluindo: – Morfologia; – Morfogênese; – Fisiologia; – Sistemática; – Ecologia dos Animais Vertebrados e Invertebrados. • Botânica, incluindo: – Morfologia; – Fisiologia; – Sistemática; – Ecologia das Plantas e Botânica Econômica. • Geologia, incluindo Paleontologia. • Matérias pedagógicas (Parecer CFE nº 292/62)	• Introdução ao Estudo da Patologia Humana. • Elementos de Anatomia e Fisiologia Humana. • Instrumentação médica, comportando diferentes especializações e orientadas para: a) Umas das matérias pré-profissionais do curso médico: – Biofísica e Bioquímica médica; – Anatomia e Histologia Humana; – Fisiologia Humana; – Microbiologia, Imunologia e Parasitologia Médica; – Farmacologia; – Anatomia Patológica. b) As atividades laboratoriais que apoiam a profissão médica, como, por exemplo, estágio obrigatório e prolongado, em serviços de laboratório clínico ou de radiologia, ou de banco de sangue.

Fonte: Parecer CFE nº 70/170 *apud* Pedroso e Seles (2014).

Ainda em 1970, a APAB elabora uma minuta de anteprojeto de lei, que em 1973 é revisado e encaminhado ao Ministro do Trabalho, propondo a regulamentação do Biólogo e a criação do Conselho Federal de Biologia. Nesta época havia importantes conflitos do exercício da profissão de biologista com entidades de classe de outras categorias tal como o Conselho Regional de Engenharia (CREA), que multava os biologistas pelo exercício ilegal da profissão, de atribuição dos engenheiros agrônomos, segundo eles.

Em 1979, após intensa movimentação de alunos dos cursos de graduação em Ciências Biológicas, que resultou em uma greve nacional de estudantes, docentes, jornalistas, políticos e profissionais, ocorre a regulamentação das profissões de biólogos e biomédicos (Lei nº 6.684, de 03 de setembro de 1979), e a criação dos Conselhos Federais e dos Conselhos Regionais de Biologia e Biomedicina. A lei foi assinada pelo então presidente João Batista Figueiredo. O Conselho Federal de Biologia (CFBio) foi instaurado em 1983 e constituído por 10 conselheiros titulares e 10 suplentes, pelo prazo de 4 anos.

Por conta da data da lei de regulamentação, ficou instituída a data de 03 de setembro como Dia Nacional do Biólogo. Posteriormente, a regulamentação foi alterada pela Lei nº 7.017, de 30 de agosto de 1982, que dispõe sobre o desmembramento dos Conselhos Federal e Regionais de Biologia e de Biomedicina, e foi normatizada pelo Decreto nº 88.438, de 28 de junho de 1983.

A atividade profissional do biólogo nas três áreas de atuação, a saber: *Meio Ambiente e Biodiversidade, Saúde, e Biotecnologia e Produção*, foi regulamentada pela Resolução nº 227, de 18 de agosto de 2010, para fins de fiscalização de exercício da profissão e condiciona o exercício das atividades profissionais/técnicas vinculadas às diferentes áreas de atuação fica condicionado ao currículo efetivamente realizado ou à pós-graduação *lato sensu* ou à *stricto sensu* na área ou à experiência profissional na área de no mínimo 360 horas comprovada pelo Acervo Técnico.

Nomes importantes na história da Biologia foram os dos professores Paulo Nogueira-Neto e Paulo Emílio Vanzolini (Figuras 1.2 e 1.3). Paulo

Nogueira-Neto tinha interesse em abelhas sem ferrão (Meliponinae) e já verificava reduções nas suas abundâncias no interior do Estado de São Paulo. Em 1954, Paulo e um grupo de amigos fundaram a Associação de Defesa da Flora e Fauna (ADEFLOFA), que deu início à mobilização de estudante do curso em favor da preservação das florestas do Estado de São Paulo.

Figura 1.2 - Histórico e contribuições de Paulo Nogueira-Neto para as Ciências Biológicas.

Fonte: Elia, 2006.

Paulo Nogueira-Neto (1922-2019) se formou em Ciências Jurídicas e Sociais pela Faculdade de Direito da Universidade de São Paulo e, posteriormente, em História Natural na mesma universidade. Na carreira universitária, ele se tornou Professor Titular de ecologia na USP e foi um dos fundadores do Departamento de Ecologia Geral no Instituto de Biociências. É lembrado como um verdadeiro defensor da natureza e um dos pilares do ambientalismo no Brasil. Entre 1974 e 1986 esteve à frente da Secretaria Especial de Meio Ambiente (SEMA), nos governos Ernesto Geisel e João Figueiredo, órgão do governo federal equivalente ao Ministério do Meio Ambiente atualmente. Foi membro da Comissão Brundtland de Meio Ambiente e Desenvolvimento das Nações Unidas, que criou o conceito de Desenvolvimento Sustentável. Foi um dos fundadores e presidente emérito do WWF-Brasil. Recebeu diversas honrarias, como a medalha de ouro do WWF Internacional, o prêmio *Duke of Edinburgh Conservation Award*, a maior distinção oferecida pela Rede WWF, a Ordem Nacional do Mérito Científico, no grau de Grã-cruz, em 1999, e o título de Professor Emérito do Instituto de Biologia da USP, em 2001. Publicou vários livros sobre abelhas indígenas, criação de animais nativos vertebrados e comportamento animal. É considerado o "pai dos biólogos" e um dos maiores ambientalistas já existentes.

Fonte: IEA-USP (2022); WWF (s.d.).

Pode-se dizer que a biologia é a profissão que tem mais relação com o meio ambiente, e o biólogo é diretamente reconhecido como especialista nessa área. Muitas outras profissões têm também uma associação com a área ambiental, tais como a Engenharia Florestal e a Engenharia Ambiental, por exemplo. No entanto, dadas as suas peculiaridades, em que os profissionais são especialistas nos mais diversos ramos, e por conta da sua história e das suas características é a mais relacionada ao meio ambiente. A atuação do professor Paulo Nogueira-Neto e de seus contemporâneos tem influência direta nesse reconhecimento.

Figura 1.3 - Histórico e contribuições do prof. Paulo Emílio Vanzolini para as Ciências Biológicas.

Fonte: Academia Brasileira de Ciências, 2010.

Paulo Emílio Vanzolini (1924-2013) era paulista e foi zoólogo e compositor. Trabalhou com o geomorfologista Aziz'Ab'Saber e com o americano Ernest Williams adaptou a Teoria dos Refúgios. Refúgio foi o nome dado ao fenômeno detectado nas expedições de Vanzolini pela Amazônia, quando o clima chega ao extremo de liquidar com uma formação vegetal, reduzindo-a a pequenas porções. Redigiu a lei que criou a Fundação de Amparo à Pesquisa do Estado de São Paulo (Fapesp) e organizou o Museu de Zoologia da USP. Durante sua carreira, Vanzolini contribuiu significativamente para o Museu de Zoologia da USP, expandindo a coleção de répteis de cerca de 1,2 mil para impressionantes 230 mil exemplares. A biblioteca, montada com o dinheiro que ele ganhou com a música, é reconhecida como um dos mais completos acervos de herpetologia do mundo. Recebeu a Grã-Cruz da Ordem Nacional do Mérito Científico e o prêmio da Fundação Guggenheim, em Nova Iorque, pelas suas contribuições ao progresso científico. Em 2008, doou sua biblioteca pessoal ao MZ; são mais de 25 mil títulos – um dos maiores acervos de herpetologia da América do Sul – distribuídos em separatas, periódicos, obras raras, livros e mapas; com valor estimado em mais de US$ 300 mil, segundo o governo do Estado de São Paulo. Compôs canções famosas como "Ronda", "Volta por Cima" e "Na Boca da Noite", que foram gravadas por grandes nomes da música brasileira, incluindo Chico Buarque, Elis Regina, Paulinho da Viola e muitos outros.

Fonte: Canal Ciência (s.d.); São Paulo (2013).

Tendo em vista o conhecimento sobre essa breve história do curso da Biologia, cabe ressaltar que as transformações sofridas em uma estrutura curricular, são, em geral, fruto das necessidades de adequação das disciplinas ao momento histórico, político e socioeconômico de uma região ou de um país, bem como das demandas de alocação de profissionais formados. Neste sentido, assim como a biologia é uma ciência em expansão e crescente desenvolvimento, espera-se que o curso de ciências biológicas acompanhe essa evolução, e você, aluno, também faz parte disso. Assim, convidamos você para uma atividade de reflexão sobre a estrutura curricular do seu curso e as possibilidades que ela lhe oferece. Portanto, estude cuidadosamente a estrutura curricular da sua graduação em Ciências Biológicas.

Aproveitando esse momento, sugerimos um livro e um filme sobre um dos naturalistas que ainda é fonte eterna de inspiração entre os biólogos na resolução de problemas científicos relacionados à evolução: o biólogo e geólogo britânico Charles Darwin (1809-1882).

São diversos os problemas científicos na Biologia. Em vista disso, também são diversas as áreas de atuação e as habilitações. No próximo capítulo, conheceremos as áreas de atuação das Ciências Biológicas e vamos conhecer o órgão colegiado que representa a Classe dos Biólogos, além de compreender seu papel e sua importância para os formados em ciências biológicas.

DICAS DE VÍDEOS E LIVRO

O filme intitulado "O desafio de Darwin", de 2019, tenta retratar os dilemas de Darwin quando sua obra "**A origem das espécies**" estava mais madura e em revisão final de publicação. O filme tenta retratar as contradições e dúvidas que Darwin tinha com relação a sua obra e a repercussão da mesma na sociedade Inglesa Vitoriana da época. Também mostra sua relação com Alfred Russel Wallace, professor americano com o qual Darwin trocava ideias e que também concebeu a teoria evolutiva, na mesma época e de modo independente do naturalista. O filme não retrata os anos iniciais dos estudos de Darwin, fugindo das aulas de medicina para assistir às de ciências naturais, nem as aventuras do naturalista a bordo do Beagle, navio inglês que, em sua expedição, passou por Galápagos e foi um marco para a elaboração da Teoria da Evolução.

Para saber mais sobre essa história e outros aspectos da vida de Darwin, recomendamos os documentários "Darwin 200 anos" e "A origem de Darwin". Para entender como a seleção natural, principal mecanismo de seleção de variações, ocorre, e conhecer como o casal Peter e Mary Grant acompanharam a evolução acontecendo em tempo real, recomendamos o livro "**O bico do tentilhão**", de Jonathan Weiner.

Capítulo 2

Os Conselhos Federal e Regional de Biologia e as áreas de atuação do Biólogo

Juro, pela minha fé e pela minha honra e de acordo com os princípios éticos do Biólogo, exercer as minhas atividades profissionais com honestidade, em defesa da vida, estimulando o desenvolvimento científico, tecnológico e humanístico com justiça e paz (Juramento Oficial do Biólogo, Resolução do Conselho Federal de Biologia n° 03, de 2 de setembro de 1997).

Para guiar e apoiar os biólogos na realização de seus objetivos, é essencial seguir um conjunto de códigos e condutas que orientam suas atividades. Além disso, é fundamental reconhecer os direitos e deveres inerentes à profissão. O Código de Ética da área foi aprovado pelo Conselho Federal de Biologia em 2001 e estabelece as normas para atuação tanto de pessoas jurídicas quanto de firmas individuais devidamente registradas nos Conselhos de Biologia. Isso se aplica também aos ocupantes de cargos eletivos e comissionados. Nesse contexto, destacam-se os seguintes:

1. Princípio norteador da atividade do biólogo:

- Este princípio serve como bússola para o trabalho do biólogo. Ele deve sempre pautar suas ações na busca pelo conhecimento científico, na preservação do meio ambiente e na promoção da saúde e do bem-estar da sociedade.

2. Direitos do profissional biólogo:

- O biólogo tem direito ao exercício pleno de sua profissão, desde que esteja devidamente registrado no Conselho Regional de Biologia (CRBio).
- Ele também tem o direito de receber remuneração justa por seus serviços, além de condições adequadas de trabalho.

3. Deveres do profissional biólogo:

- O biólogo deve agir com honestidade, ética e responsabilidade em todas as suas atividades.
- Ele deve respeitar a legislação ambiental e os princípios de conservação da biodiversidade.
- É dever do biólogo contribuir para a educação ambiental e disseminar conhecimento científico.
- Ele deve zelar pela qualidade dos serviços prestados e evitar práticas fraudulentas.

Lembrando que essas são apenas algumas das diretrizes presentes no Código de Ética. O profissional deve sempre consultar o documento completo para estar ciente de todas as suas obrigações e direitos.

Com relação aos princípios norteadores da profissão, um dos mais importantes é o Princípio da Precaução. Ele apresenta o seguinte enunciado:

A fim de proteger o meio ambiente, a abordagem preventiva deve ser amplamente aplicada pelos Estados, na medida de suas capacidades. Onde houver ameaças de danos sérios e irreversíveis, a falta de conhecimento científico não serve de razão para retardar medidas adequadas para evitar a degradação ambiental (Princípio 15 da Declaração da Rio-92 sobre Meio Ambiente e Desenvolvimento Sustentável).

O que esse princípio estabelece é que, na dúvida sobre a periculosidade de certa atividade para o ambiente, se decide a favor do ambiente e contra o potencial poluidor. Esse princípio consta também de outros acordos internacionais, por exemplo, a **Convenção sobre Diversidade Biológica – CDB**, como sendo um princípio ético, e implica que a responsabilidade pelas futuras gerações e pelo meio ambiente deve ser combinada com as necessidades antropocêntricas atuais. Já no **Protocolo de Cartagena sobre Biossegurança**, o Princípio da Precaução também é mencionado como forma de se evitar problemas na biodiversidade ou efeitos adversos potenciais por conta da importação e da comercialização de organismos geneticamente modificados.

Os componentes básicos do Princípio da Precaução servem como base na avaliação de atividades potencialmente poluidoras, são eles:

– A incerteza passa a ser considerada na avaliação de risco;
– O ônus da prova cabe ao proponente da atividade;
– Na avaliação de risco, um número razoável de alternativas ao produto ou processo deve ser estudado e comparado;
– A decisão deve ser democrática, transparente e ter a participação dos interessados no produto ou processo.

Esses componentes fazem parte de toda atividade de avaliação de impactos ambientais e são princípios básicos que servem para orientação dos biólogos em suas atividades, principalmente nas áreas de assessoria e consultoria ambiental e licenciamento.

2.1 Os direitos do Profissional Biólogo

Vamos explorar os direitos e princípios éticos que norteiam a atuação dos biólogos. É fundamental que essas orientações sejam seguidas para garantir uma prática profissional responsável e íntegra.

Exercício independente da profissão:

- Os biólogos têm o direito de exercer suas atividades profissionais sem discriminação por motivos de religião, etnia, cor, orientação sexual, condição social ou opiniões pessoais. Isso garante a igualdade de oportunidades no campo da biologia.

Condições mínimas de trabalho e remuneração adequada:

- O biólogo tem o direito de requerer condições adequadas para desempenhar suas funções, incluindo um ambiente de trabalho seguro e recursos necessários.
- Além disso, ele deve receber uma remuneração justa pelo seu trabalho.

Liberdade profissional e autonomia:

- A liberdade profissional é um direito importante. Ela permite que o biólogo tome decisões independentes e rejeite restrições ou imposições que possam prejudicar a qualidade de seu trabalho.
- Essa autonomia é especialmente relevante quando o profissional se depara com situações éticas ou inadequadas.

Ética e princípios na atuação profissional:

- O biólogo deve conduzir sua atuação de acordo com normas éticas e princípios. Isso inclui emitir pareceres, aprovar estudos ou relatórios técnicos com base na integridade e correção.
- A ética não se limita à vida profissional, ela também é cultivada ao longo da formação acadêmica.

Importante ressaltar que a Instrução CFBio n° 09/2010, que dispõe sobre sugestão de Piso Salarial para Biólogos, e a Instrução CFBio n° 04/2007, que dispõe sobre proposta (sugestão) de Tabela de Referência de Honorários para Biólogos (hora/trabalho), recomenda o mesmo piso adotado para outras categorias de nível superior, como a dos Engenheiros, que têm determinado por lei o valor correspondente a 8,5 salários-mínimos para jornada de 40 horas semanais ou de 6 salários-mínimos pelo trabalho de 30 horas semanais.

Esses valores não se aplicam aos profissionais do serviço público, pois eles têm pisos fixados de acordo com os salários praticados nas respectivas estâncias da União (União, Estado e Município), e, portanto, podem apresentar valores bem diferenciados para cada uma delas. Cabe aos Conselhos Federal e Estadual pleitear a correção e a adequação dos salários em cada uma dessas instâncias.

2.2 Os deveres do Profissional Biólogo

O aprimoramento técnico e científico é o principal dever do biólogo e uma das condições *sine qua non* para a atuação do profissional. Para que consiga exercer corretamente sua atividade, de forma condizente com sua formação e capacitação, o biólogo deve exercer a formação continuada na sua área de atuação, seja ela em Meio Ambiente e Biodiversidade, Biotecnologia e Produção e Saúde. Elas exigem formações e aprofundamentos bastante distintos, sendo específicas e, portanto, não sendo aplicáveis entre as diferentes áreas. Por exemplo, um profissional que possui formação na área de saúde não está habilitado a atuar em Meio Ambiente. Tal habilitação é comprovada pela formação profissional e pela sua identificação junto aos Conselhos Federais e Regionais, e se dá mediante a emissão de documentos de responsabilização técnica pelos trabalhos realizados e documentos elaborados durante o exercício profissional, o que caracteriza a comprovação de capacidade técnica-operacional para execução das atividades que lhe competem.

Para comprovação das atividades realizadas no exercício da profissão, antes e depois da realização de serviços prestados, deve-se emitir as Anotações de Responsabilidade Técnica – ARTs (Figura 2.1). Esse documento é gerado pelos conselhos regionais e requer que o profissional esteja em dia com o seu conselho. Nele podemos encontrar as informações do serviço realizado. Na parte superior está o número da ART e na parte inferior um QRCode para a sua autenticação. Além dos dados do empregador e do profissional, a ART apresenta o descritivo do serviço realizado e suas características de acordo com a área da profissão e a natureza do serviço. Neste documento, ambas as partes reconhecem a atividade e o prazo em que ocorreu, sendo assinada por ambas as partes, no início do serviço e depois de finalizado. Quando existir alguma divergência com relação ao andamento desse ou algum problema que impossibilite seu prosseguimento, deve ser dada baixa por distrato.

Quando o profissional precisa comprovar os trabalhos técnicos realizados, pode emitir um Certificado de Acervo Técnico. Este documento apresenta uma relação de ARTs, já com suas devidas baixas realizadas, e serve como comprovante da experiência profissional do biólogo. É muito exigido daqueles profissionais que realizam consultorias e pareceres técnicos.

Outros documentos importantes podem ser obtidos ao longo da vida do biólogo; eles atestam a sua capacidade técnica e sua formação específica em determinada área. Na área ambiental, por exemplo, a existência de

Cadastro Técnico Federal – CTF (Figura 2.2) e o cadastro no Sistema Nacional de Biodiversidade – SISBIO (Figura 2.3) são muitas vezes não só exigências para a realização de trabalhos de consultoria, mas também documentos que atestam a capacidade técnica do profissional.

Figura 2.1 - Exemplo de formulário de ART.

Figura 2.2 - Exemplo de ficha de CTF.

Figura 2.3 - Exemplo de cadastro no SISBIO.

Para a área da saúde, desde 1993, o biólogo legalmente habilitado pode (CFBIO/CRBIO, 2019):

> Solicitar aos Conselhos Regionais de Biologia o Termo de Responsabilidade Técnica em Análises Clínicas, em laboratórios de Pessoa Jurídica de Direito Público ou Privado, desde que constem em seu Histórico Escolar do Curso de Graduação em História Natural, Ciências Biológicas, com habilitação em Biologia e/ou pós-graduação, analisados os conteúdos programáticos, as seguintes matérias: I – ANATOMIA HUMANA, II – BIOFÍSICA, III – BIOQUÍMICA, IV – CITOLOGIA, V – FISIOLOGIA HUMANA, VI – HISTOLOGIA, VII – IMUNOLOGIA, VIII – MICROBIOLOGIA, e IX – PARASITOLOGIA.

Também sendo exigido, nesse caso, estágio supervisionado em laboratório de Análises Clínicas, com duração mínima de 6 meses e/ou 360 horas ou experiência profissional, o exercício efetivo, em Análises Clínicas, por um prazo não inferior a 2 anos (Resolução nº 12, de 19 de julho de 1993 *apud* CFBIO/CRBIO, 2019).

Ainda na área de saúde, outro exemplo é a regulamentação da profissão para realizar Análise e Controle de Qualidade Físico-Química e Microbiológica de Águas, inclusive as de Abastecimento Público, em empresas públicas e/ou privadas. Para isso, do histórico escolar do curso de graduação e ou pós-graduação, analisados os conteúdos programáticos, devem constar as seguintes matérias: I – Biofísica, II – Bioquímica, III – Botânica Criptogâmica, IV – Citologia, V – Física, VI – Microbiologia, VII – Parasitologia, VIII – Química Geral e Inorgânica, IX – Química Orgânica e X – Zoologia. Além disso, também é exigido estágio supervisionado em Laboratório de Análise e Controle de Qualidade Físico-Química e Microbiológica de Águas de Abastecimento Público, com duração mínima de 6 meses ou 360 horas (Resolução CFBio nº 3, de 2 de junho de 1996 *apud* CFBIO/CRBIO, 2019).

Por fim, a Resolução nº 300, de 7 de dezembro de 2012, que estabelece os requisitos mínimos para o Biólogo atuar em pesquisa, projetos, análises, perícias, fiscalização, emissão de laudos, pareceres e outras atividades profissionais nas áreas de Meio Ambiente e Biodiversidade, Saúde, e Biotecnologia e Produção, exige não só uma carga horária mínima dos componentes curriculares dos cursos de graduação, mas também estabelece a possibilidade de, caso não seja cumprida a carga horária mínima, o aperfeiçoamento seja feito por meio de formação continuada na forma de cursos de extensão, especialização *stricto sensu* (mestrado e doutorado) e estágio curricular não obrigatório (CFBIO/CRBIO, 2019).

Dessa forma, um dos aspectos a se observar é a importância que a disciplina Estágio pode ter na escolha e até mesmo na efetivação de um biólogo na sua área de atuação. Portanto, não é exagero dizer que esta etapa na universidade pode ser uma das mais importantes e determinantes na vida do profissional.

2.3 Os Conselhos Federal e Regional de Biologia

Conselhos de Classe profissionais são órgãos colegiados de natureza jurídica que representam profissionais em nível regional. Dessa forma, abrangem alguns estados e, ao mesmo tempo, são abarcados, junto a outros conselhos regionais, por um conselho federal.

O CFBio e os CRBio são autarquias e têm a função de regulamentar as atividades dos profissionais de Biologia, bem como dar suporte técnico e jurídico aos profissionais. Estas dispõem autonomia administrativa e financeira, e fazem a orientação e a fiscalização do exercício profissional com a missão de defender a sociedade da prática ilegal das atividades na área da Biologia. Atualmente (2024), existem 10 conselhos regionais que agregam diferentes entes federativos (Quadro 2.1). Além dos conselhos regionais, alguns estados que não possuem sedes administrativas dos conselhos podem ter delegacias regionais. É o caso da 5ª Região, que possui delegacias regionais no Rio Grande do Norte e no Ceará, e do CRBIO 4, que possui delegacias regionais no Tocantins, no Distrito Federal e em Goiás. Mais recentemente, algumas dessas delegacias regionais foram transformadas em conselhos regionais, como é o caso do Espírito Santo e de Santa Catarina, que eram delegacias regionais dos CRBIOs 2 e 3, respectivamente.

Quadro 2.1 - Relação de CRBIOs do Brasil.

CRBIO	ESTADOS	ANO DE CRIAÇÃO	SEDE
1	São Paulo, Mato Grosso, Mato Grosso do Sul	1986	São Paulo – SP
2	Rio de Janeiro	1986	Rio de Janeiro – RJ
3	Rio Grande do Sul	1986	Porto Alegre – RS
4	Minas Gerais, Goiás, Tocantins, Distrito Federal	1986	Belo Horizonte – MG
5	Pernambuco, Ceará, Maranhão, Paraíba, Piauí, Rio Grande do Norte	1986	Recife – PE
6	Acre, Amapá, Amazonas, Pará, Rondônia, Roraima	2005	Manaus – AM
7	Paraná	2005	Curitiba – PR
8	Bahia, Alagoas, Sergipe	2015	Salvador – BA
9	Santa Catarina	2021	Florianópolis – SC
10	Espírito Santo	2024	Vitória – ES

Fonte: Elaborado pelos autores (2023).

2.4 Atribuições dos Conselhos Federal e Regionais

Os Conselhos Regionais possuem diversas atribuições, que variam desde a responsabilidade de manutenção de suas várias instâncias decisórias até a fiscalização e regulamentação das atividades profissionais dos biólogos, por meio do julgamento de infrações e da aplicação de penalidades a estas infrações.

Dentre as suas atribuições está também a possibilidade de propor ao poder competente, por intermédio do Conselho Federal, alterações na legislação pertinente ao exercício da profissão de Biólogo, muitas delas ampliam a possibilidade de atuação do biólogo no mercado de trabalho. Alguns exemplos recentes (até o ano de 2019), talvez menos usuais, e pertencentes às mais diversas áreas de atuação do biólogo estão descritas abaixo (CFBIO/CRBIO, 2019):

- Resolução n° 449/2017, que dispõe sobre as diretrizes para a atuação do Biólogo em Paisagismo.
- Resolução n° 478/2018, que dispõe sobre a atuação do Biólogo na área de reprodução humana assistida, e dá outras providências.
- Resolução n° 500/2019, que dispõe sobre a competência do Profissional Biólogo como responsável técnico em processos de outorga de direito de uso de recursos hídricos.
- Resolução n° 526/2019, que dispõe sobre a atuação do Biólogo no manejo, na gestão, na pesquisa e na conservação *in situ* da fauna e de substâncias oriundas de seu metabolismo.
- Resolução n° 520/2019, que dispõe sobre a atuação do Biólogo na área de aconselhamento genético.
- Resolução n° 479/2018, que dispõe sobre a atuação do Biólogo na área de circulação extracorpórea em atividades relativas ao perfusionismo.

- Resolução nº 582/2020, que dispõe sobre a habilitação e atuação do Biólogo em saúde estética, e dá outras providências.
- Resolução nº 615/2021, que dispõe sobre a inclusão do Biólogo como profissional habilitado para as atividades de uso de injetáveis, de imunização, punções e coletas de modo geral exercidas no serviço de assistência à saúde no âmbito do Sistema Único de Saúde – SUS e saúde suplementar.

Dessa forma, observar os requisitos e a formação necessários para estas áreas pode ser uma ajuda importante na escolha de seu caminho profissional e da realização de seus estágios e competências profissionais.

Os CRBios também atuam na defesa da profissão quando fornecem a habilitação, o reconhecimento de experiência profissional mediante a emissão das anotações de responsabilidade técnica, mas igualmente quando requerem, por meios jurídicos, a inclusão do biólogo entre concorrentes de vagas para cargos públicos e privados de concursos públicos e processos seletivos de empresas públicas ou privadas.

Comumente, os CRBios requerem, junto a instâncias jurídicas, a participação do profissional biólogo dentre as formações profissionais selecionadas para certos cargos públicos ou privados, a depender das atribuições e do perfil requerido.

Um caso concreto que ilustra o segundo exemplo reside no Processo nº 2008.02.01.008875-7, da Justiça Federal do Rio de Janeiro, uma Ação Civil Pública (ACP) ajuizada pelo Ministério Público Federal e pelo Conselho Regional de Biologia. A decisão reconheceu o Biólogo como profissional capaz de concorrer pela vaga de engenheiro e analista ambiental no certame para a ocupação de cargo público junto à Petrobras. O caso que favoreceu o Conselho Regional de Biologia em detrimento da Petrobras foi publicado em 2011 na página eletrônica da Justiça Federal sob o título "Biólogos podem concorrer a vagas de engenheiro e de analista ambiental" (CJF, 2011).

2.5 Estrutura dos Conselhos Federal e Regionais

O Conselho Federal e os Conselhos Regionais possuem estrutura administrativa bastante parecida, sendo constituídos de 10 membros efetivos e igual número de suplentes, denominados conselheiros, escolhidos por meio de processo eleitoral realizado entre os membros que estão em dia com o conselho. Os presidentes e o vice-presidente designam, após a eleição, secretários e tesoureiros. As discussões e demandas acontecem em sessões ordinárias e extraordinárias do Conselho ou em Câmaras técnicas previamente estabelecidas e depois levadas à plenária para a decisão final.

Os conselhos regionais de biologia atuam como órgãos fiscalizadores das atividades de profissionais biólogos para as quais é requerida a regularização do registro em um CRBio da sua região (Unidade Federativa). Biólogos que atuam como técnicos, tecnólogos, analistas, consultores, gestores que atuem sob a supervisão de um responsável técnico ou quando atuam como responsáveis técnicos, devem ser devidamente registrados junto ao Conselho Regional de Biologia da sua abrangência. Neste sentido, como órgão fiscalizador, o CRBio atua no combate ao exercício ilegal da profissão. Ainda que formado e com experiência comprovada, o exercício da maior parte das atividades em Biologia exige o registro junto ao CRBio, exceto a docência.

2.6 Ingressando no curso de Ciências Biológicas

No Brasil, o ingresso nos cursos de graduação ocorre por meio de exames de admissão, como o vestibular – que passou a ser obrigatório a partir de 1911 – ou pelo Sistema de Seleção Unificada (Sisu), criado em 2009, que utiliza notas do Exame Nacional do Ensino Médio (Enem) para a classificação dos candidatos às vagas.

É de conhecimento dos discentes de ensino médio e dos docentes que as Instituições de Ensino Superior (IES) podem adotar um ou outro processo seletivo ou ambos, pois algumas universidades distribuem percentual de vagas entre o vestibular e o Sisu.

Independente da forma de ingresso no ensino superior, alcançar essa etapa da vida significa para muitos a realização de um grande sonho, a ampliação de oportunidades profissionais e/ ou até a oportunidade para melhorar as condições de vida. Qualquer que seja a motivação para ingressar no curso superior, é preciso antes decidir qual curso escolher.

Mas com qual curso eu tenho mais afinidade? Qual curso me dará melhor retorno e satisfação pessoal e profissional? Enfim, são inúmeras as questões que podem surgir nesse momento da vida [escolar] e, igualmente, são inúmeros os critérios que podem nortear tal escolha. Optar por um curso de graduação aos 17 ou 18 anos, etapa da vida em que a maioria dos estudantes conclui o ensino médio, não é tarefa tão fácil.

Em geral, as variáveis que condicionam tal escolha compreendem características individuais e familiares, tais como: relação candidato-vaga; tempo de duração do curso; incentivos econômicos das carreiras (média e variabilidade do rendimento e desemprego); custo dos cursos em instituições privadas (Martins; Machado, 2018), dentre outros. Segundo Borges e Carnielli (2005), o *status* conferido a alguns cursos específicos é reflexo da estratificação social existente em nosso país na medida em que o acesso ao curso é fortemente relacionado à posição social que o estudante ocupa.

No curso de graduação em Ciências Biológicas, o perfil socioeconômico dos graduandos de instituições públicas de Ensino Superior é caracterizado, em sua maioria, por alunos provenientes da rede pública de ensino, de classe média a classe média baixa, e que, em geral, pretendem seguir carreira de pesquisador (Santos *et al.*, 2013; Vasconcelos; Lima 2010).

As motivações para a busca pelo curso de Ciências Biológicas são variadas, mas em geral associadas à afinidade pela área de estudo. A popularidade dos temas relativos à Biologia nas mídias ou a apreciação da didática de um Professor ou Professora de Ciências na Educação Básica também são aspectos decisivos para a escolha do curso (Freitas *et al.*, 2013). Um estudo realizado por Fisher e colaboradores (2012) verificou que, em uma amostra de 294 alunos do curso de Bacharelado e 175 alunos do curso de Licenciatura, de diferentes fases dos cursos, a maior parte dos alunos escolheu o curso por gostar da natureza (32%), pela sua vocação e pelo desejo de ser um cientista, nesta ordem de importância.

Há quem diga que um Biólogo nasce biólogo. Acredito que todos se sentem dessa forma – Biólogos desde a infância. Você acredita nisso? Quanto a você, qual foi a motivação para escolher o curso de graduação em Ciências Biológicas? O que você espera do curso de Ciências Biológicas, e como pretende atuar?

O estudante de Ciências Biológicas deve se implicar em seu desenvolvimento, ou seja, se responsabilizar pelas experiências que adquire e sobre o desenvolvimento de competências e habilidades que empregará na vida profissional. Além disso, deve questionar constantemente a forma de funcionamento do mundo e pensar onde ele, como ser (humano) e como aprendiz e/ou profissional, se insere. Tal aspecto compete à sua própria origem como homem e ao próprio objeto de seu estudo como profissional, a evolução. Assim como em todas as profissões, um Biólogo deve estar em constante formação e transformação.

Para começar a experimentar este livro, propomos-lhe duas atividades práticas que lhe permitem refletir sobre suas motivações para escolher o curso de Ciências Biológicas (antes, candidato), seu engajamento em atividades acadêmicas, bem como seu aproveitamento acadêmico e busca por espaços de vivência profissional (durante, graduando) e, finalmente, suas perspectivas quanto ao futuro profissional (expectativas, egresso).

2.7 Atividades Práticas

2.7.1 O candidato à graduação, o estudante e o profissional Biólogo

Vamos direcionar sua reflexão mediante a apresentação de algumas questões norteadoras referentes a cada momento da sua vida como candidato, graduando e egresso.

Momento da vida	Questões norteadoras
Antes	A1. Qual foi sua motivação para a escolha das Ciências Biológicas? A2. Houve interesse ou tentativa para outro curso de graduação, seja do mesmo ou de outro campo de conhecimento? A3. Você já tem uma graduação? A4. Se já tem uma graduação, qual foi o motivo de ter cursado Ciências Biológicas posteriormente à sua graduação?

N. C. Expectativas	C1. A qual área de atuação você pretende se dedicar? C2. Como pretende atuar (como técnico, analista, gestor, empreendedor, consultor, auditor, pesquisador, dentre outros)? C3. Tem expectativas de carreira nas Ciências Biológicas ou de buscar outras áreas complementares ou diversas? C4. Já dispõe ou pretende montar um currículo ou portfólio de atividades para busca de oportunidades?

Para responder às questões:

1. Seja verdadeiro nas suas respostas.
2. Além de refletir, elabore suas respostas por escrito.
3. Compartilhe e discuta suas respostas com os colegas de turma ou de graduação. O intercâmbio de experiências promove o reconhecimento de novas perspectivas, atitudes e pode ampliar as expectativas.
4. Identifique as lacunas, carências e insuficiências na etapa B.
5. Elabore um quadro de Metas Semestrais de realização de atividades da etapa B.

2.7.2 Planejamento de metas acadêmicas

A seguir, apresentamos uma proposta de exercício de Planejamento de Metas acadêmicas por semestre. Essa atividade pode ser utilizada como "termômetro" para mensurar o nível de engajamento do educando nas atividades acadêmicas e vivências diversas oferecidas pela instituição de ensino à qual está vinculado, bem como por outras organizações que corroboram para o desenvolvimento de competências acadêmico-profissionais.

Para tanto, propomos um Quadro de Planejamento de atividades no qual o educando deve indicar as atividades que pretende realizar ao longo do semestre (estimadas) e aquelas que já realizou nos semestres anteriores ou no semestre vigente (realizadas).

Nessa atividade, para mensurar o engajamento dos alunos, o docente e os discentes podem estabelecer escalas de avaliação de desempenho de níveis menos satisfatórios aos mais satisfatórios.

Esse quadro poderá ser adaptado às particularidades do curso e da IES segundo a modalidade, a contextualização regional e as metodologias de ensino-aprendizagem empregadas.

Obviamente, em suas disciplinas de estágio, discentes e docentes podem repensar os requisitos, os campos de conhecimento, as atividades específicas e os contextos que se pretendem ser desenvolvidas. Para realizar a atividade, cumpra as seguintes instruções:

Preencha a tabela abaixo, conforme as orientações a seguir:

1. Preencha a planilha com o número de atividades estimadas.
2. Para melhor controle, ao fim do semestre, compare o número de atividades realizadas com o número de atividades estimadas. Ex.: Se estimou realizar uma monitoria e não realizou nenhuma, deve inserir no campo os valores 1/0. No entanto, estimou-se participar de um evento técnico-científico e cumpriu três, deve inserir no campo correspondente os valores 1/3.

Desse modo, terá condições de avaliar se suas metas estão superestimadas ou subestimadas.

3. A depender do semestre em que esteja, insira o valor zero (0) nos campos correspondentes aos semestres anteriores.
4. Procure projetar estimativas factíveis em vez de desejadas. Em outras palavras, insira o número de atividades mais próxima do que

realmente pode realizar. Para tanto, pesquise por atividades acadêmicas e oportunidades de estágio e iniciação científica oferecidas na sua Instituição ou por Associações civis que representem áreas especializadas da ciência e tecnologia. Desse modo, sua estimativa será mais próxima do factível do que do desejável.

	Semestres							
	1	2	3	4	5	6	7	8
1- Atividades Acadêmicas								
Organização de Eventos Técnico-Científicos								
Participação em Eventos Técnico-Científicos								
Monitoria								
Participação em Grupos de Estudo								
2- Área de Conhecimento								
Incluir aquelas pelas quais apresenta maior interesse ou melhor rendimento.								
Bioquímica								
Zoologia								
Botânica								
Biotecnologia								
3- Vivência Profissional								
Iniciação científica								
Estágio não obrigatório								
Estágio obrigatório								
Educador ambiental								
Participação em projetos de consultoria								

Capítulo 3

A Lei do Estágio e orientações básicas ao ingressante no Estágio Supervisionado

No final do capítulo anterior propusemos um exercício de reflexão e de planejamento da vida acadêmica visando contribuir para a autoavaliação referente ao engajamento acadêmico e as aspirações profissionais do educando, a fim de estimular **atitudes** em busca de suas expectativas.

No âmbito do processo ensino-aprendizagem, o Estágio Supervisionado constitui disciplina curricular com características peculiares e diferentes das demais em termos de operacionalização e organização (Gisi, 2000 *apud* Schwartz *et al.*, 2001). No entanto, é propriamente a disciplina Estágio que oferece o espaço para a autoavaliação e a reflexão sobre o papel na sociedade enquanto profissional e cidadão (Schwartz *et al.*, 2001).

O primeiro documento oficial sobre estágio obrigatório para estudantes data de 1942. O Decreto-Lei nº 4.073 (Lei Orgânica do Ensino Industrial) trata mais especificamente do estágio em estabelecimento industrial, que, embora não tenha regulamentado a realização do estágio, já determina a realização de atividades supervisionadas por docentes em estabelecimentos industriais por conta da criação do SENAI. Segundo Cesa (2007, p. 78):

> [...] a Lei Orgânica visava regulamentar a aprendizagem industrial recentemente imposta às indústrias, por meio da criação do SENAI, e faz parecer que usou o termo estágio com o proposto de diferenciar o aprendizado dos estudantes que não estavam matriculados nas escolas do SENAI nem trabalhavam nestas indústrias, mas que nelas praticavam os conhecimentos teóricos adquiridos em outras escolas técnicas.

A Consolidação das Leis de Trabalho (CLT), em 1943, também sofreu alterações no art. 428, que estabelece que o contrato de aprendizagem é diferenciado e constitui contrato de trabalho especial, o que confere um caráter especial ao estágio como vivência profissional do estudante.

Em 1967, o Ministro e Senador Jarbas Gonçalves Passarinho, por meio da Portaria n° 1.002, de 29 de setembro de 1967, institui nas empresas a categoria de estagiário, que passa a integrar alunos oriundos das Faculdades ou de Escolas Técnicas de nível colegial, atualmente denominado Ensino Médio (Bianchi *et al.*, 2009; Andrade; Resende, 2015, p. 59).

Nos termos dessa portaria, os alunos e as empresas têm seus deveres e suas atribuições assegurados, estabelecendo-se um contrato-padrão, o qual deveria conter, obrigatoriamente, a duração do estágio, a bolsa de ensino com o valor ofertado pela empresa, o seguro contra acidentes pessoais, oferecido pela entidade concedente e a carga horária cumprida pelo estagiário.

Em 1977, de acordo com a Lei n° 6.494, de 7 de dezembro de 1977, o estágio assume caráter formal, prevendo a assinatura de um termo de compromisso entre o estudante e empresa, com interveniência da Instituição de Ensino (IES) do graduando ou aluno de nível médio. A referida lei, regulamentada pelo Decreto n° 87.497, de 18 de agosto de 1982, apresentava a seguinte complementação no que se refere à concepção de estágio curricular:

> Considera-se estágio curricular, para os efeitos deste Decreto, as atividades de aprendizagem social, profissional e cultural, proporcionadas ao estudante pela participação em situações reais de vida e trabalho de seu meio, sendo realizada na comunidade em geral ou junto a pessoas jurídicas de direito público ou privado, sob a responsabilidade e coordenação da instituição de ensino (Andrade; Resende, 2015, p. 59).

Novas modificações na Lei de Estágio ocorreram em 1994 a partir da publicação da Lei Federal nº 8.859, de 23 de março de 1994, com a inclusão da educação especial nas modalidades de ensino passíveis de estágio, na perspectiva da educação inclusiva. Alterações também ocorreram na Lei de Diretrizes e Bases da Educação Nacional (LDB), de 1996, a qual prevê que "os sistemas de ensino estabelecerão as normas para realização de estágio em sua jurisdição, observada a lei federal sobre a matéria".

Por fim, em 25 de setembro de 2008, foi publicada a Lei nº 11.788, que revoga as leis supracitadas, de 1977 e 1994, estabelecendo novas regras para o estágio e apresentando uma nova concepção para o trabalho. Nos termos dessa lei, tanto as escolas como as empresas devem atuar sob a perspectiva educativa, podendo o estudante trazer essa experiência para a escola e dividi-la com professores e colegas em sala, e quanto às empresas, estabelecem a necessidade de diversificar as atividades, proporcionando ao educando a compreensão de todo o processo produtivo. Além disso, estabelece regras para o recesso, preferencialmente durante as férias escolares; diferencia a carga horária de diferentes tipos de estágio, número máximo de estagiários e tempo máximo de concessão de estágio pela empresa.

Os incisos do art. 1º da chamada "Lei do Estágio" em vigência imprimem o que se espera tanto das Instituições de Ensino quanto dos discentes no processo de construção e do resultado do Estágio Supervisionado:

§ 1º O estágio faz parte do projeto pedagógico do curso, além de integrar o itinerário formativo do educando.

§ 2º O estágio visa ao aprendizado de competências próprias da atividade profissional e à contextualização curricular, objetivando o desenvolvimento do educando para a vida cidadã e para o trabalho.

É importante mencionar que no art. 1º, ao mesmo tempo que se espera a "preparação para o trabalho produtivo", preveem os §§ 1º e 2º que o Estágio Supervisionado integra o "itinerário formativo do educando" e "visa ao aprendizado de competências próprias da atividade profissional", mas não apenas isso. Espera-se que o Estágio Supervisionado promova o desenvolvimento do "educando para a vida cidadã e para o trabalho". Em outras palavras, o Estágio Supervisionado pode ser entendido como fator catalisador ou como mola propulsora para as transformações do educando em sua vida social, acadêmica e profissional. Segundo Roesch *et al.* (1996), o estágio curricular é mais que uma experiência prática vivida pelo aluno, é uma oportunidade de refletir, sistematizar e testar conhecimentos teóricos e ferramentas técnicas.

3.1 Das partes envolvidas no Estágio e da Celebração do Contrato de Estágio

Desde 2008, no Brasil, a atividade de Estágio, obrigatória ou não obrigatória, é regulamentada pela **Lei do Estágio**. A referida lei dispõe sobre os direitos e deveres das partes envolvidas nas atividades de estágio, sobretudo da instituição de ensino, da concedente e do estagiário.

Segundo a Lei do Estágio, considera-se estágio não obrigatório aquele que é "desenvolvido como atividade opcional, acrescida à carga horária do curso, mas não é curricular e obrigatória". Já o estágio obrigatório corresponde à atividade prevista no Projeto Pedagógico do Curso (PPC)[3] de nível superior e configura atividade curricular, cuja carga horária é requisito para a integralização do curso e obtenção de diploma. Por essa razão, o estágio obrigatório constitui disciplina curricular que requer um professor orientador que acompanhe efetivamente as atividades do aluno na disciplina nos tempos teóricos em sala de aula, e práticos, no local de estágio. A participação de um professor orientador é dispensada apenas nas atividades de estágio não obrigatório (Figura 3.1).

A formalização dos estágios supervisionados requer a celebração de um Contrato de Estágio também denominado **Termo de Compromisso de Estágio (TCE)** firmado pelos representantes legais da instituição de ensino – à qual o educando está vinculado, e a concedente da vaga de estágio. Outros atores participantes do processo também devem firmar o Termo de Estágio, são esses: o supervisor do estágio, o professor orientador e o próprio estagiário. No TCE, deverão constar as obrigações de cada uma das partes e os direitos do estagiário nos termos da Lei do Estágio.

3　O Projeto Pedagógico do Curso (PPC) corresponde ao instrumento de concepção do curso de graduação, dos fundamentos da gestão acadêmica, pedagógica e administrativa, os princípios educacionais vetores de todas as ações a serem adotadas na condução do processo de ensino-aprendizagem da graduação.

Figura 3.1 - Organograma das partes envolvidas nas categorias de Estágio Supervisionado: obrigatório e não obrigatório.

Fonte: Elaborada pelos autores (2023).

Além do TCE, determinadas entidades concedentes exigem também a celebração prévia de um **Convênio de Concessão de Estágio** firmado apenas entre os representantes legais das organizações interessadas, a IES e a concedente. O Convênio de Estágio é, em linhas gerais, um instrumento jurídico que estabelece a parceria do binário IES-Organização por prazo determinado, sendo objeto de renovação quando caducado. O Convênio, entretanto, não exclui a obrigatoriedade de se firmar o TCE, conforme prevê o parágrafo único do art. 8º da Lei do Estágio e poderá abranger as duas categorias de estágio, obrigatório e não obrigatório.

Nas situações em que não existir um instrumento de celebração de Convênio entre a IES e a concedente, a alocação de estagiários pelas concedentes poderá se dar por meio de processos seletivos promovidos por agências de estágio, que geralmente são contratadas por organizações públicas ou privadas com a finalidade de coletar candidaturas de estudantes de diferentes níveis e modalidades de ensinos básico e superior às vagas de estágio ofertadas. Em geral, organizações que contratam agências de estágio não celebram Convênio com IES parceiras, adotando unicamente esse procedimento para a contratação de estagiários.

Além dos meios supracitados, as vagas de estágio em Ciências Biológicas poderão ser preenchidas por processos seletivos internos ou por meio de editais internos conduzidos pelas próprias organizações. Em outros casos, as organizações podem realizar processos seletivos à medida que os estudantes buscam por oportunidades diretamente em suas unidades e instalações. Em geral, procedem dessa forma as microempresas que em geral atuam nas áreas de análises clínicas, controle de pragas, gerenciamento de resíduos, vigilância sanitária e outros.

A seguir, detalharemos as atividades e o papel de cada uma das partes envolvidas no estágio supervisionado obrigatório e não obrigatório nos termos da Lei do Estágio – Lei n° 11.788, de 25 de setembro de 2008.

Instituição de Ensino (IES)

Corresponde à instituição interessada em alocar os educandos nas vagas de estágio de organizações e atividades pertinentes à sua formação acadêmica e profissional na forma de estágio. Em muitos casos, é a IES interessada em estabelecer convênios com organizações concedentes que oferecem tal oportunidade e que não operam com agências de estágio. Na IES, a Secretaria de Graduação é, em geral, o setor que gerencia e acompanha o processo de formalização do estágio mediante assinatura do TCE, bem como o recebimento e o arquivamento das vias dos documentos comprobatórios das atividades de estágio após avaliação do professor orientador. Cabe à IES elaborar normas complementares e instrumentos de avaliação dos estágios de seus educandos (Capítulo II, art. 7°, inciso VI, da Lei do Estágio). Logo, além da Lei do Estágio, as IES dispõem de resoluções ou regulamentos internos que orientam e amparam legalmente as partes envolvidas e seus direitos e deveres.

Além disso, é dever da IES comunicar à parte concedente do estágio, no início do período letivo, as datas de realização de avaliações escolares ou acadêmicas (Capítulo II, art. 7°, inciso VII, da Lei do Estágio).

Agente de Integração (quando houver)

O Agente de Integração é a pessoa jurídica, na forma de organização ou profissional autônomo, que exerce um papel importante como auxiliar no processo de aperfeiçoamento do estágio, tendo de exercer as seguintes funções, de acordo com a Lei do Estágio: identificar as oportunidades de estágio; ajustar suas condições de realização; realizar o acompanhamento administrativo. Em geral, as agências de integração funcionam como apoio ao processo operacional de formalização dos estágios e podem substituir as secretarias de graduação nesse papel.

Concedente

A parte concedente corresponde à organização da administração pública ou privada que concede a vaga de estágio ao educando, razão pela qual é referida como tal. Conforme consta do art. 9° da Lei do Estágio, inciso II, a concedente deve "ofertar instalações que tenham condições de proporcionar ao educando atividades de aprendizagem social, profissional e cultural", corroborando com a formação de um ambiente coorporativo e favorável ao aprendizado e à colaboração do estagiário. Na concedente, o estagiário será acompanhado por um supervisor, cuja atividade será mencionada mais adiante. Nos estágios obrigatórios, o TCE firmado entre a concedente e a IES terá vigência correspondente ao período semestral em que a disciplina Estágio está sendo ofertada. Já nos estágios não obrigatórios, o TCE poderá ser firmado por mais de um semestre, não podendo ultrapassar dois anos segundo o art. 11 da Lei do Estágio. Apenas quando o estagiário for portador de necessidade especial, nos termos da lei.

Cabe ressaltar que, em alguns casos, a própria IES pode conceder vaga de estágio e, portanto, atuar como concedente. Em geral, tal situação é frequentemente observada quando a IES dispõe de projetos de pesquisa básica e/ou aplicada, atividades de monitoria e extensão nas quais os educandos podem ser alocados como estagiários. Segundo o art. 2°, § 3°, "as atividades de extensão, de monitorias e de iniciação científica na educação superior, desenvolvidas pelo estudante, somente poderão ser equiparadas ao estágio em caso de previsão no projeto pedagógico do curso". Quando se trata de projeto de pesquisa, nem toda atividade poderá configurar estágio obrigatório ou não obrigatório, por ser amparada por outros instrumentos jurídicos de contratação ou por ser remunerada. A remuneração do estagiário pela concedente na forma de bolsa, ou outra forma de contraprestação, e auxílio-transporte é admitida no estágio não obrigatório, mas vedada para o estágio obrigatório nos termos da Lei do Estágio, art. 12.

Professor Orientador

O professor orientador representa o fator fundamental no processo de ensino-aprendizagem da atividade do estágio, pois, em geral, provoca reflexões e o pensamento crítico para a formação de profissionais autônomos, invoca os princípios éticos do profissional Biólogo, avalia a pertinência das atividades realizadas no âmbito da concedente, confronta a dicotomia teoria e prática, estimula a capacitação e a transformação das posturas individuais e a relações com o ambiente do entorno em suas atividades, dentre vários outros aspectos relacionados à preparação do educando para o mundo profissional. Logo, o papel do professor orientador está além de meramente listar obrigações dos estudantes e avaliar documentos.

Para Libâneo (2012), se se pretende um educando crítico reflexivo, é preciso um professor crítico reflexivo. Desse modo, o professor orientador deve ser um profissional multidisciplinar, capaz de avaliar problemas práticos sob diferentes ângulos e ser capaz de compreender sua função social cultural como profissional e formador de pessoas (Altarugio; Souza Neto, 2019). Para Lamy (2003), experiência e especialidade não são suficientes para um profissional "atuar" como professor orientador, sendo necessário, para tanto, expandir competências que permitam ao docente prover ao educando as noções fundamentais para seu futuro profissional.

Na educação superior, é recomendável que o professor orientador da disciplina Estágio tenha formação em Ciências Biológicas, bacharelado ou licenciatura, e apresente vasta experiência no desenvolvimento de projetos multidisciplinares e atividades de extensão.

Em termos de atividades práticas e operacionalização da disciplina Estágio, cabe ao professor orientador: analisar as condições de adequação do estágio à proposta pedagógica do curso a que se vincula o aluno; orientar a elaboração dos documentos de estágio e do plano de atividades para o estágio, a ser incorporado ao respectivo Termo de Compromisso; analisar os relatórios periódicos das atividades desenvolvidas pelos estudantes em estágio; conferir menção final ao estagiário mediante critérios de avaliação preestabelecidos.

Supervisor

Corresponde ao profissional vinculado à organização concedente, de formação acadêmica ou experiência profissional em área afim às áreas de atuação das Ciências Biológicas previstas nas resoluções emitidas pelo CFBio (2010). Não necessariamente o supervisor deverá ser Biólogo, mas poderá ser profissional Geólogo, Geógrafo, Engenheiro Ambiental, Engenheiro Químico, Químico, Farmacêutico, Médico etc. Embora a Lei do Estágio não forneça orientações detalhadas sobre o papel do supervisor, sabe-se que seu papel consistirá, no mínimo, de orientar atividades, monitorar e controlar as atividades que incumbem ao estudante.

Segundo a Lei do Estágio (Brasil, 2008), cada supervisor só poderá orientar, no máximo, 10 estagiários, segundo o art. 9º, inciso III, da Lei do Estágio. Deve proporcionar ao estagiário a vivência prática que permitirá ao educando a aplicação das teorias e dos conhecimentos adquiridos na instituição de ensino, a partir de experiências em sua área específica de formação. Além de apresentar atividades práticas instrumentais aos educandos, é importante que o supervisor provoque reflexões críticas acerca de temas relevantes de cunho técnico-científico relacionados à atividade de estágio por meio de indicação de bibliografia específica, aplicação de questionários e fomento de discussões acerca de temas relevantes e afins. Igualmente, espera-se que o supervisor encontre oportunidades para sinalizar as inter-relações entre as atividades desenvolvidas com as demandas da sociedade. Em termos de operacionalização das atividades do estágio, cabe ao supervisor: apresentar as instalações de atividade ao educando; dispor de atividades semanais aos estagiários; monitorar a destreza do estagiário em suas atividades práticas; acompanhar a frequência do estagiário; monitorar o comportamento ético e profissional do estagiário nas dependências da concedente; realizar a avaliação do relatório apresentado à concedente e avaliar o desempenho do educando em período não superior a seis meses.

Estagiário

Corresponde ao estudante regularmente matriculado em curso Superior da IES e é o objeto de interesse no Estágio Supervisionado, aquele que, durante o período de estágio, irá executar atividades de responsabilidade, em geral, em ambientes externos aos espaços acadêmicos. É na concedente que, muitas vezes, pela primeira vez, o estagiário irá aplicar conhecimentos teóricos experienciados em sala de aula, campo e laboratório, mas dessa vez em seus contextos profissionais de prestação de serviços úteis à sociedade.

O estágio supervisionado proporciona um ambiente em que o estagiário poderá identificar se suas atitudes contribuem para o bom relacionamento interpessoal, se agrega valor à empresa e contribui para o seu objetivo, se se atenta às relações hierárquicas mutuamente sadias e, por fim, se consegue reconhecer seus limites, sua adaptabilidade à mudança, seu interesse pela atividade e muitas outras situações determinantes para o seu futuro profissional.

Aos estagiários também são atribuídos deveres, conforme a Lei do Estágio (Brasil, 2008), como os seguintes: apresentar relatórios de atividades quando requeridos a serem avaliados pelo professor orientador e pelo supervisor; ser assíduo e pontual nos encontros da disciplina Estágio na IES; ser assíduo e pontual nas atividades de estágio na concedente; cumprir o plano de atividades previsto no TCE; cumprir a jornada de atividades de estágio em horário distinto das atividades acadêmicas obrigatórias da IES.

Além da lei federal que regulamenta a atividade de estágio, as instituições de ensino devem elaborar instrumentos normativos internos para regulamentar a atividade e orientá-la.

As obrigações da instituição de ensino e da concedente estão além das atividades supracitadas e podem intercambiar entre uma e outra, a depender da categoria de estágio de que se trata (Quadro 3.1). Na Lei do Estágio, os Capítulos II e III preconizam as obrigações da IES e da concedente, respectivamente.

O Estágio Supervisionado, entretanto, não é exclusivo do ensino superior e constitui atividade associada ao ensino regular em diferentes níveis e modalidades, como a educação profissional de ensino médio, a educação especial e os anos finais do ensino fundamental e na modalidade profissional da educação de jovens e adultos – art. 1º da Lei do Estágio (Brasil, 2008).

Quadro 3.1 - Deveres da instituição de ensino e da concedente nos estágios obrigatórios e não obrigatórios.

	IES	Concedente	ESTÁGIO OBRIGATÓRIO	ESTÁGIO NÃO OBRIGATÓRIO
Celebrar o TCE	•	•		
Avaliar as instalações e a adequação da concedente	•			
Ofertar instalações adequadas, aprendizagem social, profissional e cultural		•		
Indicar supervisor		•		
Indicar professor orientador	•			
Em caso de desligamento do estagiário, entregar termo de realização do estágio com indicação resumida das atividades desenvolvidas indicado período de realização e avaliação de desempenho	•	•		
Exigir do educando a apresentação periódica, em prazo não superior a seis meses, de relatório das atividades	•			
Enviar à IES, com periodicidade mínima de seis meses, relatório de atividades, com vista obrigatória ao estagiário		•		
Contratar seguro saúde contra acidentes pessoais em favor do estagiário	•	•		
Conferir, facultativamente, benefícios contratuais (bolsa, vale-transporte, vale-alimentação ou refeição)		•		

Fonte: Lei n° 1.788, de 25 de setembro de 2008.

A Lei do Estágio também confere ao estagiário orientações adicionais, além das supracitadas. A jornada de trabalho do estagiário de nível superior está prevista no Capítulo IV da referida lei e pode ser observada no Quadro 3.2.

Como documentação necessária para a comprovação de cumprimento de estágio, geralmente, são requeridas as seguintes documentações:

– Relatório descritivo de atividades: relatório contendo o referencial teórico, a descrição do local das atividades, as atividades e os procedimentos realizados, de preferência com documentação fotográfica. Deve ser assinado pelo supervisor do estágio.

– Ficha de registro de atividades diárias: ficha em que o estagiário coloca as atividades desenvolvidas diária ou semanalmente com a devida assinatura do supervisor.

– Declaração de conclusão de estágio: declaração contendo a comprovação de término do estágio, com a carga horária cumprida e assinada pelo supervisor ou pelo responsável da instituição onde se realizou o estágio.

– Ficha de avaliação do supervisor: ficha com critérios claros de desempenho do estagiário segundo os diversos aspectos que envolvem a realização do estágio.

Quadro 3.2 - Cartilha das regras de estágio que incidem sobre a jornada de atividades do estagiário.

AS REGRAS DO ESTÁGIO QUE VOCÊ DEVE CONHECER
As mais importantes!
• **O estágio não é uma relação de emprego.** Ele não caracteriza nenhum vínculo empregatício.
• **A carga horária pode variar.** Podendo ser de 4 horas diárias e 20 semanais, 6 horas diárias e 30 semanais, ou 8 horas diárias e 40 semanais, compatível com as atividades escolares.
• **A jornada pode ser reduzida em dias de prova.** A jornada é reduzida à metade, contanto que a instituição de ensino comunique as datas.
• **O estágio deve durar até dois anos.** Para o mesmo concedente, exceto quando o estagiário portador de deficiência.
• **A bolsa-auxílio não é necessariamente obrigatória.** Para estágio não obrigatório, em caso de bolsa-auxílio e vale-transporte é compulsória; para obrigatório, são facultativos.
• **As ausências podem ser descontadas.** Mas não necessariamente serão.
• **Benefícios não são obrigatórios.** Alimentação, plano de saúde e outros benefícios não são obrigatórios.
• **O estagiário tem direito ao recesso.** Ele deve ser de 30 dias, contínuo ou fracionado, e acontecer em um período de um ano.
• **O Termo de Compromisso pode ser rescindido.** A qualquer momento.

Fonte: Adaptado da Cartilha Esclarecedora sobre a Lei do Estágio – Lei nº 11.788/2008.

3.2 O Estágio Supervisionado e a formação do estudante de Ciências Biológicas

Como profissional, o biólogo exerce a cidadania à medida que atua como agente de disseminação de informações, multiplicador de conhecimentos técnico-científicos, o que lhe exige consciência crítica, que é o real objetivo da Educação Nacional (Fernandez; Silveira, 2007 *apud* Ferreira, 2015).

Assim, podemos destacar algumas questões orientativas ao estudante da disciplina Estágio Supervisionado que se baseiam em qualidades essenciais para o seu desenvolvimento para a vida cidadã e para o trabalho, que consistem: no desenvolvimento de competências múltiplas, de atitudes baseadas em princípios éticos e no desenvolvimento de consciência crítica (Figura 3.1).

Figura 3.2 - Competências, princípios éticos e consciência crítica.

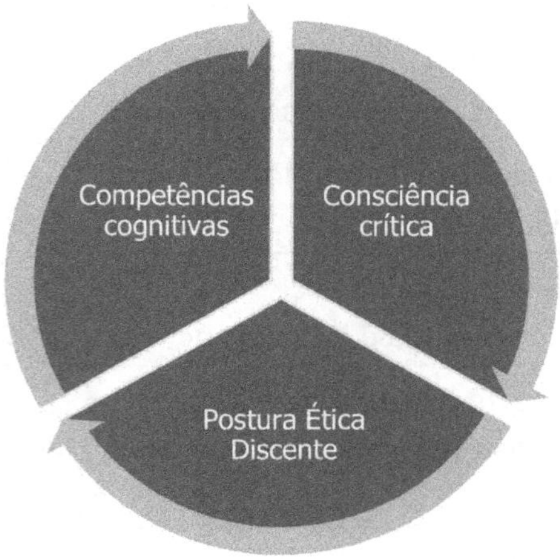

Fonte: Elaborada pelos autores (2023).

Mais adiante, discutiremos de forma mais aprofundada o sentido de **competências**, mas cabe aqui chamar a atenção para o fato de que o entendimento do que vem a ser "competências próprias da atividade profissional" não é estanque, mas mutável ao longo do tempo histórico, razão pela qual o Estágio Supervisionado tem sido cada vez mais encarado como um campo de conhecimento que detém objeto(s) de estudo (Lima, 2004) e que requer lugar de reflexão e discussão no Projeto Pedagógico dos Cursos de Graduação.

Por agora, vamos esmiuçar a tríade para o desenvolvimento do biólogo como profissional e cidadão.

⚠ Competências múltiplas

As competências cognitivas esperadas por serem abrangidas no currículo do curso de Graduação em Ciências Biológicas estão previstas nas suas Diretrizes Curriculares Nacionais (DCNs) instituídas pela Resolução CNE/CES nº 7, de 11 de março de 2002 (CNE, 2002) e preconizada pelo Parecer CNE/CES nº 1.301/2001, aprovado em 6 de novembro de 2001.

Um estudante de graduação em Ciências Biológicas não se torna Biólogo apenas com um diploma na mão e com os conhecimentos técnicos adquiridos ao longo do curso. Faz-se necessário engajar-se em atividades acadêmicas, em estágios não obrigatórios e obrigatórios, em projetos de iniciação científica e, finalmente, em vivências e espaços promotores de amadurecimento profissional. Desse modo, o estudante colecionará experiências individuais e coletivas que contribuirão para a construção de um currículo notável e, principalmente, enriquecedor. Tal aspecto será imprescindível e facilitador na busca de oportunidades profissionais para ingresso no mercado de trabalho.

⚠ Consciência crítica

Para discutir sobre **consciência crítica**, citaremos o Código de Ética do Biólogo, regulamentado pela Resolução CFBio nº 2, de 5 de março de 2002.

O Código de Ética do Biólogo (CFBIO, 2002) prevê em seu art. 11 que o Biólogo "deve atuar com absoluta isenção, diligência e presteza, quando emitir laudos, pareceres, realizar perícias, pesquisas, consultorias, prestação de serviços e outras atividades profissionais, não ultrapassando os limites de suas atribuições e de sua competência."

Cabe ressaltar, entretanto, que tais qualidades não devem restringir os limites de percepção do profissional, ou mesmo do estagiário, nas situações cotidianas ou adversas que venha a encontrar nos espaços de vivência ou de atuação em estágios e iniciação científica. O seu limite de percepção e discernimento entre o certo e o errado, o pior e o melhor, o ideal e o factível, o problema e a solução, dentre outras dicotomias, será testado quando for capaz de questionar, de criticar construtivamente, de forma respeitosa, dentro dos termos legais, éticos e favoráveis à manutenção das formas de vida e do meio ambiente, as situações que observar, bem como os modelos e os processos dos quais participa e nos quais se implica.

O desenvolvimento dessa **consciência crítica** se dá durante sua formação pessoal, como cidadão, mas também durante a sua formação acadêmica, à medida que o estudante é convidado a pensar e inter-relacionar conteúdos, saberes, contextos históricos e socioeconômicos do processo de construção do conhecimento científico, bem como quando é colocado diante de uma situação prática nova, que frequentemente ocorre nos espaços de exercício de atividade de estágios e iniciação científica.

O desenvolvimento de uma consciência crítica é indispensável à superação de práticas de reprodução ou reforço de ideias e "preconceitos" equivocados, procedimentos inadequados, soluções insuficientes ou custosas, dentre inúmeras outras situações que possam ser dirimidas para promover o objetivo-fim do profissional biólogo, previsto em juramento, de defender a vida, estimulando o desenvolvimento científico, tecnológico e humanístico com justiça e paz. Além disso, a consciência crítica é indissociável do exercício da cidadania.

⚠ Ética discente em Ciências Biológicas

Os aspectos éticos do profissional Biólogo serão tratados mais adiante. Contudo, antecipamos neste item certas considerações sobre a Ética para tratar das atividades de estágio. A dimensão ética é parte do processo educativo e está implicada nos trabalhos em equipe, nas atividades que requerem responsabilidades acadêmico-profissionais, respeito e tolerância, reconhecimento de limites pessoais, paciência, humildade, dentre outros. Logo, a dimensão ética participa do convívio social, no ambiente acadêmico e profissional.

Nesse sentido, no espaço de vivência profissional, o estudante será o espelho do profissional e representará a instituição de ensino à qual está vinculado. Sua conduta de educando é monitorada e observada pelo supervisor, pelos recursos humanos, pelos colaboradores e pelos representantes legais da concedente.

Por sua vez, a ética reflete-se em condutas e normas resultantes do exercício da razão, da crítica e, segundo Cohen e Segre (2008), estaria vinculada a valores preestabelecidos, a saber: 1) percepção dos conflitos (consciência); 2) autonomia (condição de posicionar-se entre a emoção e a razão, sendo que essa escolha de posição é ativa e autônoma); e 3) coerência. Por esta razão, é muito imprescindível.

Trata-se, portanto, de questão notavelmente frágil que extrapola os espaços acadêmicos e a cognição apenas, mas envolve outros aspectos da dimensão social do desenvolvimento humano. No entanto, os espaços acadêmicos podem criar oportunidades para o desenvolvimento de valores requisitos do comportamento ético, como a autonomia, a consciência e as posturas coerentes, seja nas atividades acadêmicas curriculares ou extracurriculares, nos projetos de pesquisa, na sala de aula.

3.3 Imagem profissional: importa para os estagiários?

Até onde se sabe, existe escassa literatura científica sobre os relatos de caso de estagiários graduandos em Bacharelado em Ciências Biológicas acerca do seu desenvolvimento acadêmico e profissional durante as vivências do estágio no Brasil. Em contrapartida, na literatura científica, existe vasto registro sobre o desenvolvimento acadêmico e profissional de discentes que se preparam para a atividade docente como estagiários em licenciatura em Ciências Biológicas.

Desse modo, fizemos valer as considerações da literatura científica direcionadas a estagiários graduandos em Ciências Biológicas, em geral, para a licenciatura e o bacharelado, mas, adicionalmente, sobre graduandos provenientes de cursos correlatos à biologia.

Começamos este item com a seguinte questão: "É mandatório que o estagiário se preocupe em desenvolver uma imagem profissional para a sua inserção no mercado de trabalho?".

Talvez você já tenha respondido essa pergunta de antemão, com seus pensamentos. Porém, a nós não cabe apenas opinar sobre a relevância ou não da construção da imagem profissional, mas fundamentar as discussões acerca do tema.

Para responder essa questão, vamos elencar impressões coletadas da literatura científica. Além disso, eventualmente deixaremos nossa percepção sobre o tema, coletada ao longo do exercício profissional como docentes, coordenadores de curso e professores orientadores da disciplina Estágio Supervisionado.

Segundo Werneck *et al.* (2010), as experiências esporádicas e o envolvimento de curta duração referentes aos estágios não são capazes de promover no aluno o compromisso social, nem vínculos sólidos com a atividade. Desse modo, de que maneira o aluno conseguiria formar uma **imagem profissional** que lhe valha?

Podemos concordar que, em certos casos, as experiências de curta duração não são suficientes para promover no aluno o conhecimento profissional necessário para desempenhar com sucesso certa atividade ou mesmo conduzir a resolução de problemas e conflitos do cotidiano no âmbito profissional.

Entretanto, para além dos estágios curriculares, sejam esses de curta ou longa duração, os estágios extracurriculares – aqueles que são referidos pela Lei do Estágio por não obrigatórios – e a participação em projetos de iniciação científica, concorrem para a promoção de qualidades profissionais, à medida que oferecem a possibilidade de se superar os desafios de novas condições de exercício (acadêmico) profissional e de produção do conhecimento (Machineski; Machado; Silva, 2011). Nessas experiências, os alunos vivenciam novas questões não observadas em sala de aula, performam experimentos, conhecem pessoalmente certos fenômenos, ambientes, organizam, avaliam e analisam dados, com maior disponibilidade, liberdade e flexibilidade do que durante as disciplinas teórico-práticas.

Acreditamos que as qualidades acadêmicas não devem ser identicas às requisitadas no mundo profissional, necessariamente, e que as primeiras não resolvem as questões de trabalho, mas, para o graduando, é muitas vezes no ambiente acadêmico que a vida profissional começa a ser vislumbrada.

Não se espera que a atividade de estágio obrigatório seja o único desafio enfrentado fora das facilidades acadêmicas. Ao longo da vida acadêmica, bem como na pessoal, uma série de oportunidades contribui para o desenvolvimento de um conjunto de qualidades capazes de transformar o indivíduo, sua percepção de mundo, sua maturidade acadêmica e profissional, dentre muitos outros traços pessoais, individual ou coletivamente construídos. A complexidade da concepção de uma imagem profissional é tamanha que essa não reside nas experiências de graduando, mas é também, talvez em grande parte, produto da história de vida do indivíduo, das experiências pretéritas, anteriores às experiências acadêmicas e profissionais.

Além disso, não se espera que o egresso em biologia seja capaz de responder tecnicamente prontamente em uma nova atividade, ou mesmo uma atividade com a qual já esteja relativamente familiarizado. A aptidão técnica e intelectual é suscetível de aprimoramento, assim como os conhecimentos teóricos e práticos, e se alcança e avança com a coleção de experiências adquiridas, com a dedicação à resolução de problemas, com a facilidade de se adaptar a novas condições no âmbito profissional, dentre inúmeros outros elementos que poderíamos elencar. Mas cabe-nos aqui discutir se é ou não relevante se pensar em uma **imagem profissional** a ser construída.

Comecemos então pelo entendimento do que vem a ser **imagem profissional**, uma vez que esse termo não apresenta uma definição bem estabelecida na literatura científica.

Para tratar das perspectivas vinculadas ao estágio supervisionado, compreendemos por **imagem profissional** uma interação complexa de traços pessoais que influenciam a autoidentificação profissional, bem como a percepção de terceiros sobre as qualidades emocionais, psicossociais, técnico-operacionais, intelectuais de comunicação, dentre outras, que tornam o indivíduo mais ou menos apto a realizar determinada(s) tarefa(s).

Observe que não apontamos apenas os aspectos técnicos e intelectuais, uma vez que o mundo profissional requer outras habilidades além dessas, sobretudo as chamadas *soft skills*, traduzida para o português como habilidades interpessoais que se referem às competências comportamentais, enquanto as *hard skills* se referem às competências técnicas, além da autoidentificação pessoal.

Segundo Ciampa (1991) *apud* Brando e Caldeira (2009), é do contexto histórico e social em que o homem vive que decorrem suas determinações e, consequentemente, emergem as possibilidades ou impossibilidades, os modos e as alternativas de identidade. Analisando-se a evolução do campo de conhecimentos das biologias, como ciência, bem como o curso de Ciências Biológicas, tal como vimos no Capítulo 1, ainda que muitas especializações e ramificações tenham sido formadas, os fenômenos da natureza, a curiosidade inata e a necessidade de conhecer e explicar os padrões da vida sempre despertaram o interesse na busca de produção de novos conhecimentos. O mundo natural e sua dinâmica continuam a interessar os homens, de modo geral. Nesse universo das possibilidades de "descobrir" o desconhecido ou explicá-lo, insere-se o núcleo de formação da identidade do biólogo (Brando; Caldeira, 2009).

Já as habilidades interpessoais e as competências comportamentais são cada vez mais discutidas no âmbito profissional, visto que mais frequentemente profissionais são afastados de suas atividades por vulnerabilidades psicossociais, relacionadas à saúde mental e à inteligência emocional. Mejial *et al.*, 2021 avaliam situações como essas a fim de justificar ou demostrar a importância da inclusão de uma disciplina de inteligência emocional na matriz curricular dos cursos de Pedagogia, por exemplo. As habilidades, ou relações interpessoais, se referem ao modo e à abordagem em lidar e a comunicação com pessoas, bem como a socialização no contexto pessoal e corporativo.

Oliveira *et al.* (2007) apontam para a escassez de disciplinas curriculares no ensino superior brasileiro que sejam capazes de, estrategicamente, fornecer subsídios para a inserção do indivíduo no mercado de trabalho, sobretudo de forma imediata, produtiva e comprometida com o bem-estar social. Disciplinas como ética, educação emocional, dentre outras relacionadas, são muitas vezes preteridas por discentes, gestores universitários e coordenadores de curso, em detrimento das disciplinas teórico-práticas de caráter técnico-científico.

Diante de tais desafios, ainda há espaço no currículo de Ciências Biológicos para se discutir as habilidades interpessoais, a inteligência emocional e a imagem profissional?

Enquanto os currículos em Ciências Biológicas buscam ajustar disciplinas teóricas, imbuídas de conhecimento técnico-científico, em carga horária, o estágio supervisionado obrigatório bem como disciplinas como Tópicos ou Seminários em Biologia ainda constituem-se em espaços nos quais o aluno pode, oportunamente, ser guiado por um professor (ou professor orientador na disciplina Estágio Supervisionado) para uma reflexão sobre como se apresentar ao mercado de trabalho da melhor maneira possível.

Quando a imagem profissional encontra a inteligência emocional? E qual a relevância das habilidades interpessoais para tanto? Você pode estar se colocando tal questionamento, ainda não respondido neste item.

Você já observou que os ambientes profissionais e até mesmo os ambientes acadêmicos configuram espaços de interação interpessoais onde conexões e experiências positivas ou negativas, fortes ou fracas, produtivas ou degradantes podem se estabelecer e que, ainda que não pareça, sua postura "profissional" pode ser objeto de observação. Não se trata da regulação de um comportamento ou das atitudes, mas da sua adequação diante de diferentes situações em um contexto organizacional, especificamente.

Ao profissional contemporâneo é requerido saber atuar na resolução de conflitos que envolvem múltiplos interesses, os quais, em grande parte, residem no aspecto comportamental (Goleman, 2007). Uma série de fatores pode produzir determinados modos de agir ou padrões comportamentais diante de determinadas situações que, nas relações interpessoais do ambiente de trabalho, afetam o clima organizacional. Desse modo, uma série de características que culminam no aspecto comportamental, tal como tipos de personalidades, atitudes, percepções, aprendizado, motivação são objeto de interesse da análise comportamental nas organizações (Santos, 2021), todos esses envolvem aspectos da inteligência emocional e, consequentemente, das habilidades interpessoais.

Na ausência de estudos que avaliem habilidades interpessoais em profissionais biólogos no Brasil, acessamos um estudo realizado por Bandeira *et al.* (2006) que consiste na avaliação da importância das habilidades interpessoais por profissionais psicólogos (Quadro 3.3). Aqui, apresentamos apenas a lista das habilidades elencadas pelos autores, a fim de fornecer a você, aluno, exemplos de algumas qualidades enquadradas dentre as habilidades interpessoais.

Na busca de resultados, diante de pressões por solução, prazos, dificuldades de comunicação, dentre outras questões, é previsível e natural que sejam enfrentadas adversidades e que seja necessário dar-se tempo para se recuperar de eventuais fragilidades psicossociais, pois as pessoas e os processos respondem por grande parte das dificuldades enfrentadas e, por definição, no mundo profissional não gerenciamos apenas o trabalho em si, mas gerenciamos pessoas.

Quadro 3.3 - Exemplo de habilidades interpessoais avaliadas em profissionais, neste caso específico trata de habilidades esperadas em psicólogos.

Ouvir, com atenção, a fala da outra pessoa .
Observar, com atenção, no outro, expressões verbais relevantes.
Recusar pedidos abusivos.
Ajudar o outro a identificar, nomear e expressar seus sentimentos.
Relacionar-se com profissionais de outras áreas.
Expor, com clareza e objetividade, conteúdos relevantes ao trabalho desenvolvido.
Expressar empatia (solidarizar-se com os sentimentos do outro).
Dizer não a solicitações que você não pode ou não quer atender.
Observar, com atenção, no outro, expressões não verbais relevantes.
Demonstrar firmeza nas opiniões e decisões tomadas.
Iniciar adequadamente uma conversação com outra pessoa.
Responder, de forma adequada, às perguntas do interlocutor.
Encerrar uma conversação de forma adequada.
Fazer perguntas relevantes de acordo com as condições da interação.
Reavaliar as decisões e atitudes tomadas, quando pertinente.
Incentivar o outro no decorrer do trabalho desenvolvido.
Fornecer *feedback* positivo (descrever aspectos adequados do desempenho do outro).
Fazer relações entre diferentes conteúdos da fala do interlocutor.

Interpretar a fala do outro.
Desculpar-se, quando for necessário.
Manter uma conversação adequada.
Lidar com críticas justas.
Trabalhar cooperativamente em grupo.
Coordenar atividade grupal.
Estabelecer relações amistosas.
Mediar conflitos entre indivíduos ou entre grupos.
Elogiar aspectos positivos da outra pessoa.
Intervir com o objetivo de acalmar o outro.
Negociar soluções que envolvem interesses mútuos.
Controlar seus sentimentos negativos.
Controlar aspectos não verbais de sua comunicação (ex.: expressão facial, postura).
Conduzir a direção de uma conversação.
Controlar aspectos formais da própria fala (ex.: modulação, fluência).
Lidar com críticas injustas.
Reformular com outras palavras o conteúdo da fala do outro (parafrasear).
Utilizar conteúdos de humor em situações apropriadas.
Expressar sua opinião para um indivíduo ou para grupos.
Falar em público (ex.: palestras, seminários).
Fornecer *feedback* negativo (descrever aspectos inadequados do desempenho do outro).
Solicitar ao outro suas impressões sobre o trabalho que está sendo realizado.
Defender propostas ou ideias
Justificar-se, quando necessário.
Expressar seus sentimentos positivos (ex.: alegria, satisfação).

Resumir o conteúdo do discurso do interlocutor ao longo de uma conversação.
Expor fatos que são desagradáveis para o interlocutor.
Controlar seus sentimentos positivos.
Solicitar mudanças de comportamento do outro.
Solicitar favores, quando necessário.
Discordar da opinião do outro.
Expressar seus sentimentos negativos (ex.: aborrecimento, tristeza).
Autorrevelar-se (falar de si para a outra pessoa).

Fonte: Adaptado de Bandeira *et al.* (2006).

Desse modo, você deve estar se perguntando: "mas, em termos práticos, há algo que se possa efetivamente trabalhar para melhorar minha imagem profissional?". A resposta é mais simples, entretanto: não existe "receita de bolo". Se é capaz de identificar que há habilidades interpessoais, questões comportamentais que possa desenvolver ou melhorar, e que esteja exercendo efeitos negativos sobre sua vida pessoal e profissional ou acadêmica, é recomendado que busque ajuda profissional.

No entanto, um passo importante para a vida profissional reside na candidatura a uma vaga de estágio ou emprego, é importante que apresentemos aqui algumas recomendações de conduta durante os processos seletivos que podem lhe ser úteis.

Quando se está começando uma vida profissional, em geral, a primeira impressão é ainda mais fundamental. Nos processos seletivos existem pessoas especializadas em analisar posturas, perfis e atitudes, e em todo processo seletivo uma multiplicidade de fatores estão interferindo para a sua seleção. Desta forma, é importante ficar atento ao que pode ou não influenciar o início de uma carreira profissional, e é no estágio que começa.

Um fator muito importante é transmitir compromisso e senso de responsabilidade. Uma das coisas primordiais para isso é a pontualidade, pois ela é inegociável no mundo do trabalho. Desculpas esfarrapadas, além de não colarem, causam uma impressão ruim. Para que você seja pontual, organize sua agenda e seus compromissos, tome cuidado com os trajetos que vai tomar e certifique-se de que você vai conseguir chegar no horário, mesmo havendo imprevistos no caminho.

Dicas importantes para uma boa postura são (CIEE, 2019):

1. Seja simpático e educado.
2. Mantenha-se atento ao modo de sentar-se.
3. Escolha criteriosamente a vestimenta.
4. Não masque chicletes durante os contatos presenciais com a empresa.
5. Não use óculos escuros no interior da sala.
6. Observe as normas e as orientações do ambiente.
7. Seja pontual. Demonstre organização e planejamento.

Linguagem corporal: postura e gestos

A linguagem corporal é um aspecto importante na comunicação e se revela na postura e nos gestos do interlocutor. Segundo uma pesquisa da Universidade da Califórnia, somente 7% da comunicação é baseada em palavras, enquanto 38% relacionam-se ao tom de voz e 55% são atribuídos à linguagem corporal, valores esses que variam segundo a população estudada (Camargo, 2017).

Segundo Andrade (2023), em entrevistas de emprego, os candidatos devem compreender que não é o currículo o único elemento a ser avaliado, ainda que seja de extrema relevância, pois, em certo grau, comprovam a aptidão técnica do candidato. No entanto, a autora aponta o "saber se comunicar da forma correta" como um item de avaliação. Ainda segundo a autora, "por meio da linguagem corporal é possível, em muitos casos, identificar o real significado de uma mensagem. Mas também é possível transmiti-la de forma errada." A autora, inclusive, cita como exemplo a linguagem corporal no nível do olhar e descreve que "reviradas de olhos podem dar a entender que uma pessoa está impaciente, insatisfeita ou pode significar ironia". Muito embora não seja possível deduzir, ao certo, o que pode ser interpretado pelo avaliador a partir da linguagem corporal do candidato, cabe salientar a importância de estar atento aos vícios gesticulares, posturais, dentre outros.

A comunicação interpessoal, por exemplo, está entre os aspectos avaliados ao longo de uma entrevista comportamental que, em geral, apresenta perguntas situacionais que investigam uma competência específica na experiência passada do candidato (Araújo, 2012).

Atitudes

Além da postura, é necessário pensar nas atitudes diante das situações experimentadas no âmbito do espaço de trabalho ou durante os processos seletivos. Atitudes comportamentais e valores pessoais são tão valorizados quanto a habilidade técnica. Estas habilidades são atualmente denominadas pelo termo *soft skills* e podem afetar o resultado dos processos seletivos (Moreira, 2020).

Algumas recomendações oferecidas por Moreira (2020) e Rabaglio (2008) são:

i) Fique atento à apresentação pessoal.

ii) Seja pontual.

iii) Contenha o nervosismo.

iv) Olhe nos olhos do entrevistador.

v) Demonstre segurança.

vi) Demonstre vontade de aprender.

vii) Fale sempre a verdade.

viii) Seja objetivo.

ix) Evite conflitos e posições extremadas.

Trate todos com cordialidade e respeito, essa atitude será decisiva em uma aprovação.

Nesse sentido, recomenda-se que o egresso candidato que busca uma posição profissional, ou o graduando que busca uma oportunidade de estágio obrigatório ou não obrigatório, seja natural, seja verdadeiro, pois a naturalidade não precisa ser renunciada nesses processos em detrimento de um comportamento adestrado. Ao contrário, pode ser uma oportunidade de deflagrar maior adequação à vaga ou à necessidade de melhorar qualidades para candidaturas futuras.

Uma das atitudes orientadas a candidatos é a de evitar discutir com outros candidatos aspectos positivos ou negativos sobre a empresa, ou sobre experiências pessoais pretéritas. Jamais se preocupe em transmitir aos concorrentes o real objetivo da busca de uma [nova] oportunidade. Mais ainda, não transmita opiniões negativas sobre os gestores, supervisores anteriores ou colaboradores de trabalho. Ao contrário, prefira apresentar críticas construtivas, se solicitado pelo avaliador, e seja ponderado a fim de evitar constrangimentos.

A forma como aborda assuntos delicados é muito importante para que as pessoas entendam se podem ou não confiar em você profissionalmente. A forma também inclui cuidados com a fala e o modo como a usamos, que devem sempre ser coerentes com o ambiente em que estamos inseridos. Detalhes como a intensidade da voz, o vocabulário e a dicção influenciam o sucesso de nossa comunicação. Sendo assim, procurar usar intensidades moderadas com vocabulário adequado ao tipo de grupo em que se está inserido e em um ritmo adequado é sempre bem-vindo. Evitar o uso de gírias e expressões idiomáticas, procurando usar a norma culta da língua, falar educadamente (agradecendo, pedindo licença etc.), utilizar corretamente o plural são aspectos importantes da comunicação.

Muitas vezes desenvolvemos vícios de linguagem, que devem ser evitados. Tais aspectos são igualmente importantes nas apresentações em público, como em palestras, habilidade muitas vezes requerida em determinadas atividades profissionais. Vícios de linguagem nunca devem ser usados durante falas em público e são facilmente corrigidos. Pode-se treinar a fala buscando evitar os vícios, ou solicitar a um colega que auxilie a identificar seu uso excessivo. Outra dica é substituir esses vícios por pausas mais longas entre uma sentença e outra, ajustando o ritmo de sua fala e dando tempo para elaborar o que vai dizer.

Dimensão estética

Um desafio nos espaços organizacionais está nos padrões de julgamento estético a serem perseguidos por serem considerados superiores (Guimarães, 2011). Atualmente, algumas empresas são mais flexíveis quanto às dimensões estéticas de seus colaboradores, visando respeitar a diversidade de crenças, gênero, dentre outros aspectos referentes à predileção dos seus colaboradores, independente do ramo de atuação.

Entretanto, em determinados ambientes organizacionais, os *dress code*, ou códigos de vestimenta, são adotados como forma de buscar melhor adequação na escolha de roupas utilizadas por colaboradores, e são interpretados, em geral, como reflexos da dinâmica de poder e discriminação estética (Gestal, 2023).

Apesar de escassa no Brasil, a literatura estrangeira sobre as dicas e orientações em entrevistas de estágio e emprego ou em palestras, em geral, aborda aspectos relacionados à aparência e à adequação de vestimenta, fornecendo, inclusive, dicas de apresentação (Leininger *et al.*, 2021; Chan *et al.*, 2021; Oostrom; Ronay; Van Kleef, 2021).

Em estudo realizado por Gestal (2023), que entrevistou profissionais do setor financeiro provenientes de diferentes empresas e atividades sobre os aspectos estéticos no ambiente de trabalho, a autora verifica que todos os entrevistados afirmaram que a aparência é relevante e influencia as oportunidades de trabalho, mas, ao mesmo tempo, todos afirmaram que os códigos de vestimenta foram flexibilizados ao longo do tempo. De qualquer modo, a partir dos relatos dos entrevistados, a autora aponta que a "aparência é utilizada como ferramenta de trabalho e sempre adequada a uma situação ou necessidade, sendo a vestimenta o atributo que tem maior representatividade até por ser percebida como fator que interfere na forma de agir e se posicionar."

De fato, alguns cargos e funções requerem adequação ao aspecto estético relacionado ao uso de vestimentas adequadas e adornos, como, por exemplo, aquelas realizadas por profissionais da saúde em ambientes hospitalares e clínicos, que devem respeitar padrões assépticos instituídos por meio de instrumento legal ou de regimento interno. Profissionais que necessitam de conforto térmico para atividades que envolvem emissão de calor, soldas, exposição à radiação solar e variação de temperatura, dentre outras, devem utilizar Equipamentos Individuais de Proteção (EPIs), e a escolha de vestimentas adequadas é imperativa para a realização minimamente sadia às atividades.

Igualmente, para o biólogo de campo, alguns EPIs e vestimentas que garantem segurança física, proteção mecânica e biológica, além de conforto são imprescindíveis. Neste sentido, é necessário o uso de vestimenta que resista a intempéries e o proteja das adversidades externas, tais como o contato com animais peçonhentos e plantas que causem urticárias, como calça comprida, camisa de manga longa ou casaco etc. Em atividade em laboratório deve-se observar o uso de jaleco de algodão para evitar reações de tecidos sintéticos com substâncias químicas, bem como sapato fechado. Para reuniões de trabalho em escritórios ou conferências, de maneira geral, algumas dicas de vestimenta são importantes: não utilizar roupas demasiadamente decotadas, justas, curtas ou transparentes, nunca utilizar bonés e óculos escuros.

Por fim, enquanto há código de vestimenta, esteja atento às regras das empresas e aos espaços organizacionais onde buscam por oportunidade de estágio ou emprego.

Para além disso, que tal conversarmos sobre aspectos mais substanciais à sua formação? No próximo item abordamos a ética e classes de competências humanas.

3.4 Ética e Competências

Ética pode ser definida como um conjunto de regras e preceitos de ordem valorativa e moral de um indivíduo, de um grupo social ou de uma sociedade (Ferreira, 2011). Ser ético ou ter um comportamento ético então é uma atitude, em que a premissa básica é a necessidade de respeitar o outro, ser justo, agir bem, ainda que estas atitudes não sejam recíprocas. Pensar no bem geral, no que satisfaz a maioria e não somente a nós mesmos, é ter um pensamento ético (Dias, 2014).

Nos princípios de comportamento ético devem se incluir os conceitos honestidade, integridade e responsabilidade. Honestidade é definida como a capacidade de ser verdadeiro ou, dito de outro modo, não mentir. Integridade é a capacidade de se manter coerente com os seus valores, em qualquer situação. E responsabilidade é a habilidade de cumprir com suas obrigações e com as consequências de suas atitudes (Ferreira, 2011).

Competências são como as ferramentas que um indivíduo possui para desempenhar tarefas com eficácia. Elas englobam conhecimentos, habilidades e atitudes. O conhecimento é o conjunto de informações que acumulamos ao longo da vida, enquanto as habilidades são a aplicação prática desse conhecimento. Por sua vez, as atitudes moldam nosso comportamento e nossas emoções. A iniciativa, por exemplo, é uma atitude crucial, impulsionando a busca por conhecimento e a aplicação das habilidades. Investir em nosso desenvolvimento pessoal significa aplicar essas competências de forma contínua.

Podemos dividir as competências em três tipos, de acordo com as características interpessoais, intelectuais e estratégicas, a saber:

- **Competências interpessoais:** são aquelas desenvolvidas para entender e tratar as outras pessoas com sensibilidade. São exemplos deste tipo de competência a liderança, a flexibilidade (disposição para mudar de opinião, apresentando abertura a novas e diferentes formas de pensamento e comportamento), o dinamismo, a empatia, a facilidade em se comunicar e o trabalho em equipe.

– **Competências intelectuais:** são aquelas que possibilitam a organização de ideias, de forma lógica e racional, a partir de objetivos estabelecidos. São exemplos deste tipo de competência a objetividade, a persuasão, a criatividade, a organização e a visão sistêmica.

– **Competências estratégicas:** são aquelas capazes de analisar os pontos negativos e positivos em relação a determinada situação e avaliar quais as melhores alternativas para a tomada de soluções, principalmente diante de situações adversas. São exemplos deste tipo de competência o estabelecimento de metas, o planejamento, a racionalização do tempo, o empreendedorismo e a determinação.

3.5 Atividade prática

Vejamos duas reflexões sobre situações hipotéticas que podem ser vivenciadas por estudantes de Ciências Biológicas em suas atividades de estágio supervisionado e que estão relacionadas às qualidades essenciais aos estudantes supracitadas e discutidas, relativas ao desenvolvimento de consciência crítica, valores éticos, competências e habilidades.

Na atividade a seguir, será descrita uma situação-problema hipotética para a qual o estudante deverá apresentar uma ou mais soluções possíveis a fim de exercitar suas qualidades essenciais (competências múltiplas, consciência crítica e postura ética) visando refiná-las ou desenvolvê-las, com o cuidado de observar desvios que possam ser dirimidos diante das situações apresentadas.

3.5.1 Testando qualidades essenciais ao estagiário

Leia a situação-problema e siga as etapas propostas adiante.

a) Situação-problema

Um estagiário do curso de Ciências Biológicas recentemente conseguiu a grande oportunidade que gostaria, que é atuar, ainda que como estagiário, em um zoológico. Ciente de que o zoológico deve proporcionar e mensurar bem-estar para animais mantidos em cativeiro, o estudante se deparou com situação diferente da que esperava. Os animais estavam submetidos a condições sanitárias precárias, além de viverem em espaços restritos e/ou isolamento social, exacerbação de estímulos externos pela presença de visitantes em grande quantidade, ausência ou baixa variedade de estímulos de atividades relacionadas à obtenção de alimento, exercício físico, dentre outros. Ao questionar seu supervisor sobre a condição dos animais, o estagiário ouviu a seguinte resposta: "Não temos recursos e autonomia para melhorar as condições de bem-estar animal. Além disso, somos um zoológico de categoria A, portanto, não temos obrigação de mudar as condições dos animais. Já atendemos o que a legislação recomenda."

b) Questões para reflexão

b.1) Como educando de Ciências Biológicas, você conseguiu identificar alguma inadequação ou algo que incomode seus princípios ou suas premissas acerca do tema apresentado na situação-problema?

( ) sim   ( ) não

Justifique:

b.2) Como estagiário, como você reagiria à resposta do supervisor?

( ) Deixaria como está.

( ) Procuraria a ouvidoria e os órgãos fiscalizadores responsáveis.

( ) Reportaria a atitude do seu supervisor ao superior.

( ) Elaboraria uma proposta acessível de melhoria das condições de bem-estar animal.

( ) Você se rebelaria contra a atitude do supervisor e mobilizaria colegas a seu favor.

( ) Outros: _____

b.3) Com base no seu nível de conhecimento sobre o tema, independente da qualidade ambiental encontrada no zoológico, você procuraria aprofundar seus conhecimentos sobre o bem-estar animal, as funções e as categorias dos zoológicos ou outros assuntos relacionados?

( ) sim   ( ) não

Justifique:

c) Proposta de resolução

Elabore uma proposta na forma de plano de atividades contendo um método que apresente uma resolução para a situação-problema apresentada. A proposta deverá conter os itens Introdução, Objetivos, Materiais e Métodos, Indicadores de qualidade monitorados, Cronograma de atividades, Resultados esperados e Referências Bibliográficas.

Cabe ressaltar que se trata de um exercício que pode ser aplicado a outras situações-problema reais encontradas nos espaços de vivência profissional do aluno. Nesse caso, o Plano de Atividades poderá ser adaptado, visando atender ao problema específico, que poderá ser de teor teórico, prático, coletivo, individual, dentre outros.

Essa atividade pode ser utilizada pelo professor orientador para avaliar a pertinência e a compatibilidade das atividades dos estagiários com as áreas de atuação das Ciências Biológicas no âmbito da organização concedente.

Outro aspecto positivo dessa atividade reside em incomodar os alunos a experimentar e praticar suas competências múltiplas, buscando resolver problemas diversos, não necessariamente estreitamente relacionados com suas respectivas áreas de atuação.

Capítulo 4

Competências e Habilidades
do estudante de Biologia

Nos capítulos anteriores, mencionamos, invariavelmente, as **competências múltiplas** como qualidades essenciais aos estudantes das Ciências Biológicas, desenvolvidas durante o curso de graduação, e que são imprescindíveis ao sucesso do desempenho acadêmico, enquanto estudantes, e profissional, enquanto egressos. Cabe ressaltar que consideramos aqui que o desempenho acadêmico e profissional, no âmbito das competências, não se mede pela avaliação quantitativa (em grau, tamanho, altura, preço etc.), mas em qualidade (valor, saber atuar, saber solucionar etc.).

Assim, neste capítulo, reservamos um espaço dedicado estritamente à apresentação e à discussão desse tema, de modo que possamos compreender do que se tratam as competências, como podem identificá-las e desenvolvê-las ao longo da vida acadêmica, como relacioná-las às vivências acadêmicas e profissionais conquistadas e como aplicá-las em nossa vida pessoal e profissional.

4.1 Chave

Para começar, buscaremos entender o conceito de **competências**. Apesar dos inúmeros conceitos existentes, em linhas gerais, as competências individuais são entendidas como o **conjunto da tríade conhecimentos (C), habilidades (H)** e **atitudes (A)** (Bloom, 1976). De acordo com Bloom (1976), podemos comparar os componentes das competências com os órgãos de uma árvore:

C – Conhecimento: o saber, **domínio cognitivo**, educação, estudo, técnica = TRONCO;

H – Habilidade: saber fazer, **domínio psicomotor**, destrezas, treino, prática = COPA;

A – Atitudes: o querer fazer, saber ser, **domínio afetivo**, predisposição, vontade = RAÍZES;

A árvore de competências é resultante da história do indivíduo: se for bem cuidada e cultivada em sua trajetória de vida, terá raízes fortes que sustentarão o tronco. Favorecerão a formação de copas e a coleta de bons frutos, pois "as pessoas são para as organizações o que a seiva é para a "árvore" (Edvinsson; Malone, 1997).

As competências estão relacionadas à capacidade de movimentar um conjunto de elementos da ordem do pensamento, da linguagem, da percepção, da memória, do raciocínio, da estratégia, dentre outros que fazem parte do intelecto, para abordar e resolver situações complexas (Fleury; Fleury, 2000; 2001) (Figura 4.1, Quadro 4.1).

Figura 4.1 - Inter-relação entre a tríade CHA (conhecimentos, habilidades e atitudes) para o desenvolvimento de competências humanas e contextos de *input* (entrada) e *output* (resultado).

Fonte: Elaborada pelos autores (2022). Adaptado de Fleury e Fleury (2000).

Quadro 4.1 - Definições da tríade CHA (conhecimento, habilidades e atitudes) como elementos que em conjunto modelam o desenvolvimento de competências individuais.

Conceitos de CHA	
Conhecimento (Domínio cognitivo)	Informações que permitem ao indivíduo compreender o mundo a seu redor (Durand, 2000 *apud* Moura; Sobral, 2014). Saberes teóricos e práticos que cada pessoa acumula durante a vida, que impactam seu modo de agir, julgar e atuar no meio (Brandão, 2009). Saberes teóricos formalizados e práticos que podem ser transmitidos e adquiridos tanto no cotidiano de cada indivíduo quanto na educação formal (Martins; Espejo, 2015).

Habilidades (Domínio psicomotor)	Capacidade de resgatar e utilizar conhecimentos, experiências anteriores e técnicas necessárias para solucionar um problema (Brandão, 2009). Elementos desenvolvidos pelos indivíduos e referem-se à capacidade do profissional de aplicar o conhecimento que possui (Martins; Espejo, 2015).
Atitude (Domínio afetivo)	Reflexões da reação negativa ou positiva de um indivíduo a um estímulo (Bowdicht; Buono, 1992). Relacionados ao ato de querer fazer algo (Durand, 2000 *apud* Moura; Sobral, 2014). Disposição, intenção, desejo ou fato que influencia a pessoa a adotar determinado comportamento em relação às demais pessoas, aos objetos e às situações (Brandão, 2009; Martins; Espejo, 2015).

No século XXI, com as mudanças sofridas na sociedade, sugere-se que a tríade **CHA** seja somada à sigla **VE** para designar os valores e o entorno. Nessa nova proposta de Mussak (2009), os **valores** representam os resultados do aproveitamento e do rendimento do colaborador entregue ao seu público e à sociedade, enquanto o **entorno** refere-se à interação entre as pessoas com o espaço onde se encontra, ou seja, a estrutura que vai permitir ao indivíduo render ao máximo, continuamente, segundo propõe Mussak (2009):

> O autor ainda coloca que, neste século, a competência é representada pela sigla CHAVE, que é uma complementação de CHA (Conhecimento, Habilidade e Atitude), três qualidades que nos anos 70 David McClelland definiu como sendo uma equação cuja somatória resulta na *performance* ideal de um indivíduo no trabalho. Esclarecendo ainda que CHA é uma fórmula e se um dos elementos for nulo então o resultado será zero. E Mussak acrescentou a esta fórmula valores e entorno (Camargo; Barroso, 2010).

O movimento de demandas por competências no mercado de trabalho começou a surgir nos Estados Unidos da América da década de 1970 após a publicação do artigo do psicólogo David Clarence McClelland, em 1973, intitulado *Testing for competence rather than for "intelligence"*, que em português significa Teste de competência em vez de "inteligência". McClelland identificou que os testes de inteligência, aptidão e desempenho acadêmico não predizem o desempenho no trabalho e discriminam minorias, mulheres e pessoas provenientes de camadas de baixo nível socioeconômico, sendo o pioneiro na área de estudo em avaliação de competências para o mundo do trabalho.

As competências esperadas dos educandos do curso superior em Ciências Biológicas estão enumeradas nas Diretrizes Curriculares Nacionais (DCNs) regulamentadas pela Resolução CNE/CES nº 7, de 11 de março de 2002 (CNE, 2002), descritas no Parecer CNE/CES nº 1.301/2001 (CNE, 2001), aprovado em 6 de março daquele ano.

Invariavelmente, as DCNs de cursos de graduação aprovadas pelo CNE nas últimas décadas preveem um conjunto de competências e qualidades gerais muito similares (Nacif; Camargo, 2009). Para Nacif e Camargo (2009), as competências previstas nas DCNs de curso de graduação podem ser classificadas em quatro classes, a saber:

A. Competências de educação permanente: aquelas que conferem aos indivíduos a responsabilidade pela formação contínua, pelo desenvolvimento pessoal e profissional para o convívio em uma sociedade de aprendizagem ao longo de toda a vida.

B. Competências sociais e interpessoais: referem-se às atitudes e habilidades para o convívio social e interpessoal e nas organizações, orientadas para os valores éticos e humanos, o trabalho em equipe, a comunicação, a solidariedade, o respeito mútuo e a criatividade.

C. Competências técnico-científicas: referente à capacidade cognitiva para o uso do conhecimento teórico, instrumental, prático, a fim de transformar o conhecimento científico em condutas profissionais e pessoais na sociedade, relativas aos problemas e às necessidades dessa sociedade nas suas várias dimensões.

D. Valores humanísticos: preparar pessoas para a postura reflexiva e analítica dimensão social e ética que envolve os aspectos de diversidade étnico-racial e cultural, gêneros, classes sociais, escolhas sexuais, entre outros.

Esse conjunto de competências deverá despertar as vocações para a ciência e infundir, também, naqueles que se encaminham para as carreiras profissionais, uma mentalidade voltada para a investigação e o desenvolvimento pessoal e profissional. No Quadro 4.2 são enumeradas as competências nas suas quatro categorias.

Quadro 4.2 - Relação das competências por classe.

Competências de educação permanente
• Buscar permanentemente a atualização e o desenvolvimento profissional e novas formas do saber e do fazer científico ou tecnológico.
• Compreender sua formação profissional como processo contínuo, autônomo e permanente.
• Buscar o aprendizado contínuo, tanto na sua formação quanto na sua prática com flexibilidade.
• Desenvolver práticas de estudos independentes visando uma progressiva autonomia profissional e intelectual.
• Identificar oportunidades e situações que favorecem a formação profissional e/ou elaborar projetos empreendedores de formação profissional.
• Buscar a mobilidade acadêmica e a profissional como formas de integração econômica, educativa, política e cultural.
• Desenvolvimento de autonomia de aprendizagem.
• Exercer a cidadania com espírito de solidariedade.

Competências sociais e interpessoais

- Dominar comunicação e expressão oral e escrita, interpessoal e intercultural.
- Integrar-se nas ações de equipes interdisciplinares e multidisciplinares interagindo criativamente nos diferentes contextos organizacionais e sociais.
- Reduzir resistências a mudanças, ter capacidade de adaptação às novas situações e saber enfrentar/lidar com situações em constantes mudanças.
- Ser profissional participativo e facilitador das relações interpessoais e intergrupais.
- Liderar equipes e redes multidisciplinares.
- Demonstrar compromisso, responsabilidade e empatia nas suas interações sociais.
- Analisar o contexto social no qual está inserido e contribuir profissionalmente para a manutenção e transformação deste.
- Pautar-se por princípios da ética democrática: responsabilidade social e ambiental, dignidade humana, direito à vida, justiça, respeito mútuo, participação, responsabilidade, diálogo e solidariedade.
- Estimular a cooperação por meio da formação de redes nacionais e internacionais, visando diferentes formas de intercâmbio.
- Capaz de atuar de forma empreendedora e abrangente no atendimento às demandas sociais.

Competências científico-tecnológicas

- Empregar raciocínio lógico, observação, interpretação e análise crítica, ao analisar dados, informações e solucionar problemas.
- Avaliar, sistematizar e decidir as condutas mais adequadas, baseadas em evidências científicas.
- Tomar decisões fundamentadas visando o uso apropriado, a eficácia e o custo-efetividade.
- Acompanhar e incorporar inovações tecnológicas (informática, comunicação, novos materiais, biotecnologia) no exercício da profissão.
- Desenvolver, programar, orientar, aplicar, planejar, executar, gerenciar e avaliar projetos e os modelos teóricos e práticos.
- Aplicar conhecimentos teóricos e metodológicos que garantam a apropriação crítica do conhecimento disponível, assegurando uma visão abrangente dos diferentes métodos e técnicas.
- Reconhecer e identificar problemas, equacionando soluções, intermediando e coordenando os diferentes níveis da tomada de decisão.
- Articular teoria, pesquisa e prática social.
- Ler, compreender e interpretar os textos, em geral, e especificamente, científico-tecnológicos em idioma pátrio e estrangeiro, bem como produzir textos em língua estrangeira.
- Saber comunicar corretamente os projetos e os resultados de pesquisa na linguagem científica, oral e escrita (textos, relatórios, pareceres, internet etc.) em idioma pátrio e estrangeiro.
- Assimilar criticamente conceitos que permitam a apreensão de teorias e usar tais conceitos e teorias em análises críticas da realidade e na solução de problemas.
- Prestar consultoria, realizar perícias e emitir laudos técnicos e pareceres.
- Estabelecer relações entre ciência, tecnologia e sociedade.
- Desenvolver e criar mecanismos para o desenvolvimento sustentável nas dimensões humana, econômica e ambiental.

Valores humanísticos

- Demonstrar consciência da diversidade, respeitando as diferenças de natureza ambiental ecológica, étnico-racial e cultural, de gêneros, faixas geracionais, classes sociais, religiões, necessidades especiais, escolhas sexuais, entre outras.
- Interpretar as relações entre homem, cultura e natureza, e as artes, no contexto temporal e espacial.
- Orientar escolhas e decisões em valores e pressupostos metodológicos alinhados com a democracia, com respeito às culturas autóctones e à biodiversidade.
- Reconhecer e valorizar as diversas manifestações artísticas, estéticas e culturais.
- Ter postura reflexiva, analítica, e visão crítica da conjuntura econômica, social, histórica, política, ambiental e cultural.
- Ter uma sólida formação ética e cultural.
- Respeitar os princípios éticos, legais, culturais e humanísticos das diversas áreas de atuação profissional.
- Saber reconhecer os limites éticos envolvidos na pesquisa e na aplicação do conhecimento científico e tecnológico.
- Pautar-se em princípios éticos, legais e na compreensão da realidade social, cultural e econômica do seu meio.
- Compreender as incidências culturais, éticas, educacionais, e identificar e analisar as rápidas mudanças econômicas e sociais em escala global e nacional que influem no ambiente empresarial.
- Preparar-se para a internacionalização em todos seus aspectos, familiarizando-se com culturas diferentes.
- Desenvolver e criar mecanismos para a cultura da paz.

Fonte: Adaptado de Nacif e Camargo (2009).

Embora a grande maioria dessas competências, habilidades e qualidades gerais estejam presentes nas diretrizes curriculares dos cursos de graduação, elas raramente são desenvolvidas de forma sistemática em currículos típicos. A tendência dentro das universidades é privilegiar os conteúdos específicos – necessários, mas não suficientes – em detrimento da formação estruturante que o desenvolvimento dessas competências, habilidades e qualidades proporciona.

4.2 Atividade Prática

4.2.1 Árvore de Competências

Orientações gerais

Para realizar essa atividade, será preciso ser capaz de se autoavaliar sobre as competências individuais desenvolvidas ao longo do período de sua graduação, com as experiências acadêmicas e as vivências profissionais com as quais se envolveu.

Nessa atividade, o educando deverá citar qualidades concernentes ao seu conhecimento (tronco), às suas habilidades (copa) e às suas atitudes (raiz) em uma árvore de competências. Veja o exemplo na Figura 4.2.

Bases teóricas

As árvores de competências têm sido frequentemente utilizadas como instrumentos de gestão de recursos humanos em organizações públicas e privadas que possibilitam melhor delinear o planejamento de desenvolvimento individual (PDI) de colaboradores e o planejamento de atividades baseadas na alocação dos colaboradores em atividades em que sejam mais eficazes, avaliar promoções, demandas de capacitação e outras destinações de recursos e investimentos.

As **atitudes** (raízes), ou o saber ser, representam a disposição interna do indivíduo em face de um elemento do mundo externo e que orienta a sua conduta. Corresponde a uma qualidade edificada a partir de uma estrutura integrativa tridimensional, englobando as dimensões cognitiva, afetiva e conativa (que traduz a tendência de se realizar uma ação em dada situação). As atitudes predizem frequentemente o comportamento, determinam o nível de confiança entre as pessoas, o clima de trabalho, as metas organizacionais e, em consequências, os resultados maximizados (Doron; Parot, 2001 *apud* Bucho, 2016). As atitudes são consideradas como ativos intangíveis, ou seja, que não se pode palpar ou mensurar, mas que se observam nos resultados alcançados como no grau de comprometimento com as atividades que o indivíduo se propõe a realizar, a dedicação, a persistência, o atendimento aos prazos, o reconhecimento dos limites relacionados à realização de tarefas simples ou complexas. Tais atitudes agregam valor nas atividades performadas pelo indivíduo ou do coletivo do qual participa. Em geral, as atitudes são imprescindíveis para determinar a "posição" profissional em que o indivíduo pode atuar, como, por exemplo, em liderança, gestão, atividades técnicas, assistenciais ou auxiliares..

O **conhecimento** (tronco), ou o saber, traduz o conjunto de informações que se tem a respeito dos fenômenos naturais, sociais, emocionais e que o indivíduo coleciona, a fim de disponibilizar e usar quando precisa. Apesar de sua característica polissêmica e da variedade de conceitos existentes sobre o que é o conhecimento, a sua origem e o seu desenvolvimento são mais bem compreendidos e derivam da variedade de situações de que o indivíduo participa, observa, resolve, reflete, como suas leituras, suas relações interpessoais, suas viagens, participações em eventos como ouvinte e palestrante, da relação que se estabelece com os diversos objetos de estudo, da apropriação de um conjunto de dados, informações e conceitos que se armazenam ao longo da nossa vida, da forma e do método que usa para compartilhar tais informações e conceitos, sua capacidade de persuadir e sua perspicácia (Gramigna, 2002 *apud* Bucho, 2016).

As **habilidades** (copa: folhas, flores e frutos) – ou o saber fazer – representam que, uma vez adquiridas, devem estar disponíveis para a realização do trabalho (Gramigna, 2002 *apud* Bucho, 2016). Segundo Bucho (2016, p. 4),

> as habilidades têm de ser utilizadas e o sujeito tem de demonstrar as competências na prática, através das ações. Pouco ou nada vale colecionar cursos, formações e conhecimentos teóricos e práticos sobre determinadas áreas e posteriormente estas não serem úteis para o indivíduo e para o grupo, instituição e meio social em que está inserido.

Há inúmeras revisões e propostas de adaptação das árvores de competências para melhor atender modelos de negócios, de funcionamento de setores empresariais e atividades profissionais. Neste livro, adotamos o modelo de árvores de competências previsto por Gramigna (2002).

Como exemplo, demonstramos uma árvore de competências segundo os procedimentos.

Procedimentos

Nesta atividade propomos a edificação de uma árvore de competências simplificada, conforme as orientações a seguir:

1. Inicie a atividade pelas raízes, as atitudes, elencando três qualidades essenciais individuais relacionadas ao papel desempenhado como acadêmico e como futuro profissional que se pretende se tornar e que são resultado de toda a sua história de vida e não apenas da sua vida acadêmica. Preencha a árvore de competências com as atitudes pensadas em A1; A2 e A3 na árvore de competências mostrada na Figura 4.2.

2. Observe os **conhecimentos** que tais atitudes lhe permitiram alcançar e preencha a árvore de competências com até seis conhecimentos relacionados a elas.
3. Os conhecimentos adquiridos conferem certas **habilidades** aos indivíduos, tais como autonomia, segurança e na execução de certas atividades. Eleja até seis habilidades relacionadas aos conhecimentos adquiridos

Observação: as habilidades podem estar relacionadas às atividades instrumentais (práticas) ou de relacionamento (sociais), como as atividades de planejamento de tarefas, liderança de equipes, sistematização de informações técnico-científicas, por exemplo.

Figura 4.2 - Modelo de árvore de competências (C), habilidades (H) e atitudes (A).

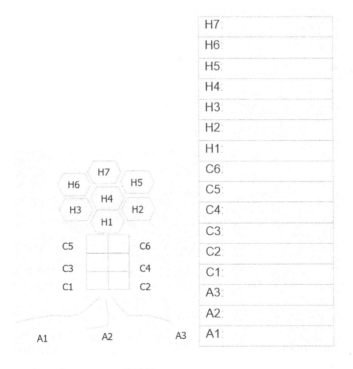

Fonte: Elaborado pelos autores (2023).

4.3 Perfil do Egresso

O perfil dos biólogos formados é previsto pelas Diretrizes Curriculares Nacionais (DCNs) constantes do Parecer CNE/CES n° 1.301/2001, o qual prevê as seguintes qualidades gerais sobre o perfil do egresso em Ciências Biológicas:

a) **generalista**, crítico, ético, e cidadão com espírito de solidariedade;

b) **detentor de adequada fundamentação teórica**, como base para uma ação competente, que inclua o conhecimento profundo da diversidade dos seres vivos, bem como sua organização e funcionamento em diferentes níveis, suas relações filogenéticas e evolutivas, suas respectivas distribuições e relações com o meio em que vivem;

c) **consciente da necessidade de atuar com qualidade e responsabilidade** em prol da conservação e manejo da biodiversidade, políticas de saúde, meio ambiente, biotecnologia, bioprospecção, biossegurança, na gestão ambiental, tanto nos aspectos técnico-científicos quanto na formulação de políticas, e de se tornar agente transformador da realidade presente, na busca de melhoria da qualidade de vida;

d) **comprometido com os resultados de sua atuação**, pautando sua conduta profissional por critérios humanísticos, compromisso com a cidadania e rigor científico, bem como por referenciais éticos legais;

e) **consciente de sua responsabilidade como educador**, nos vários contextos de atuação profissional;

f) **apto a atuar multi e interdisciplinarmente**, adaptável à dinâmica do mercado de trabalho e às situações de mudança contínua do mesmo;

g) **preparado para desenvolver ideias inovadoras e ações estratégicas**, capazes de ampliar e aperfeiçoar sua área de atuação.

Em geral, cada universidade que oferece o curso de Ciências Biológicas pode acrescentar novas linhas ao perfil do egresso previsto pelas DCNs, indicando determinadas competências, habilidades, atitudes e valores que se desejam estimular nos seus estudantes. É imperativo que esse perfil seja de conhecimento dos alunos desde os anos iniciais da graduação, e que se façam difundidos não apenas em documentos institucionais e do curso como o Projeto Pedagógico do Curso (PPC), mas pela sua contextualização nas disciplinas teórico-práticas. Logo, neste sentido, o envolvimento e o comprometimento do docente são fundamentais como mediadores e orientadores no processo do desenvolvimento de qualidades relacionadas ao perfil do egresso.

O perfil do egresso é determinante para o destino ocupacional que os alunos pretendem seguir. Texeira e colaboradores (2014) avaliaram o destino ocupacional de estudantes de Ciências Biológicas no estado do Rio de Janeiro e constataram que, entre os bacharelados, elevado percentual ingressa diretamente na pós-graduação, ao invés de se lançar no mercado de trabalho.

Outra questão importante no destino ocupacional está na sobreposição que as ciências biológicas enfrentam com outros cursos de formação, como Farmácia, Biomedicina, Engenharia Ambiental, Engenharia Florestal, Gestão Ambiental, dentre outros.

Desse modo, reforçamos aqui a importância de acionar e conhecer a engrenagem dos **Conselhos Regionais de Biologia** que lhe permitem pleitear a candidatura a vagas de emprego público ou privado que inicialmente não sejam estendidas aos profissionais Biólogos. Essas, muitas vezes, são delineadas para cargos e funções cujas atribuições se enquadram no perfil de profissionais Biólogos, mas não consideram tal formação dentre os potenciais candidatos.

Teixeira *et al.* (2015) realizaram um levantamento, por meio de questionário *online*, sobre a percepção de 241 egressos da graduação em Ciências Biológicas, de cursos presenciais e distância, como indicador de avaliação institucional. Os autores constataram que, de modo geral, alunos do curso presencial apontaram um aspecto importante na sua formação – a necessidade de as matrizes curriculares permitirem melhor preparação para o mercado de trabalho.

Segundo os autores (Teixeira *et al.*, 2015), a avaliação institucional, por parte do egresso, pode se converter em indicador indispensável ao diagnóstico da qualidade do curso e da formação, pois o egresso contará com sua maturidade pessoal e profissional, e um olhar mais global sobre a universidade na qual se diplomou.

Por outro ângulo, a busca e o engajamento em atividades extracurriculares, que devem partir do desejo do aluno de se aprimorar, possibilitam o desenvolvimento de maturidade pessoal e profissional, acrescentam experiência ao currículo do aluno e estreitam o envolvimento com as atividades e os conteúdos curriculares do curso de graduação, bem como a maior apropriação dos conteúdos.

Citemos como exemplo o estudo realizado por Brando e Caldeira (2009) sobre Investigação sobre a Identidade Profissional em Alunos de Licenciatura em Ciências Biológicas, no qual verificaram que graduandos em licenciatura que buscam participar de projetos em pesquisas laboratoriais nos anos iniciais do curso na própria universidade se identificam mais com as áreas de pesquisa do que com a profissão docente.

Particularmente, acreditamos que tais formações, em projetos de pesquisa em áreas diversas, são complementares e determinantes na conformação do perfil do egresso, seja esse mais apto a atividade docente ou a aividade de pesquisa, em docência nas áreas das ciências naturais (físicas, químicas e biológicas).

Nesse sentido, a experiência dos egressos nos anos iniciais após diplomação, sua destinação ocupacional, sua capacidade de buscar por oportunidades podem fornecer subsídios às instituições de ensino superior para a identificação das transformações que possam assegurar aos formandos a preparação para ingressar e transformar a realidade do mercado de trabalho (Delaney, 2000).

Acreditamos que revisões curriculares ou de modelos de ensino podem ser medidas auxiliares para o melhoramento do enquadramento do perfil do egresso. No entanto, parte desse perfil se deve às vivências do aluno, às suas atitudes, aos seus objetivos, às suas motivações, à sua autopercepção, às suas aptidões sociais, às suas competências e habilidades. Desta forma, esperamos que a leitura deste livro forneça subsídios e seja um preâmbulo daquilo que venha a se tornar sua jornada profissional tão almejada.

Nesse contexto, recomenda-se que as instituições de ensino, de modo geral, e não apenas cada curso pontualmente, criem instrumentos de acompanhamento de egressos que se disponibilizem a participar desse monitoramento. Sugerimos que tal acompanhamento se converta em instrumento institucional para a avaliação das necessidades dos graduandos, bem como das adequações curriculares e de infraestrutura relacionadas aos cursos e às IES. Recomendamos que seja criado um banco de dados de egressos por curso e que o monitoramento dessas atividades seja acompanhado por questionário previsto por Termo de Compromisso Livre Esclarecido assinado pelo egresso, objeto de avaliação, devidamente autorizado pelo Comitê de Ética em Pesquisa da Instituição.

Paul (2015, p. 309) recomenda ainda que tal acompanhamento apresente

> caráter institucional sistemático e participativo; periodicidade regular e atualização permanente; utilização de tecnologias da informação para coleta de dados; definição clara e adequada da população a ser atingida, segundo os

tipos de diplomas; produção de escalas adequadas para a avaliação dos destinos ocupacionais e sua relação com a formação; e disponibilização dos bancos de dados para a comunidade acadêmica.

Cada vez mais o perfil do egresso se constitui em linha de pesquisa, tornando-se objeto de interesse de inúmeros estudiosos e das instituições de ensino. Os Estados Unidos estão entre os países que realizam projetos em ampla abrangência geográfica acerca do futuro dos estudantes e do perfil com que se apresentam ao mercado de trabalho. Um desses projetos é o TALENT, que começou na década de 1960, incluindo cerca de 400 mil alunos na sua fase inicial, que foram acompanhados entre 4 a 11 anos depois de formandos.

Segundo Paul (2015), a Itália apresenta hoje um dos melhores sistemas de acompanhamento de egressos, o AlmaLaurea, que é administrado por um Consórcio de Universidades com o apoio do Ministério da Educação. De acordo com o autor, no âmbito do AlmaLaurea são identificadas as necessidades de diferentes atores – os egressos, as universidades e as empresas e seus respectivos perfis, a fim de se estabelecer os estímulos adequados para cada um deles. Assim, para alimentar o banco de currículos, os egressos podem preencher um questionário relacionado ao seu perfil, respondem um questionário às empresas que, por sua vez, têm interesse em utilizar os CVs dos egressos a fim de ter maior celeridade nos procedimentos de recrutamento. Por fim, as universidades coletam informações alimentadas pelos seus egressos no banco de currículos a fim de gerar relatórios, anualmente emitidos, que podem abranger um conjunto de informações sobre origem social, condições de estudo, trabalho durante os estudos, avaliação da experiência universitária, competências linguísticas e informáticas, estudos em vista e projeto profissional.

Nesse sentido, é de notável relevância que as universidades utilizem o resultado de taxa de sucesso de seus egressos como meio de buscar adequação, ajustes ou mudanças nas suas estruturas curriculares ou modelos de ensino.

No Brasil, alguns projetos pontuais de acompanhamento do egresso ocorreram desde a década de 1970, mas não tiveram continuidade. Seus relatórios são de difícil acesso, e a escala temporal não chega a 10 anos de acompanhamento. Encontram-se em andamento poucas iniciativas quando comparadas ao número total de IEs de nível superior no Brasil. Segundo Paul (2015), em busca nas páginas de universidades brasileiras, apenas 32 apresentavam portal do egresso, muitas vezes como "cumprimento de exigências do programa de autoavaliação institucional determinado pelo Sistema Nacional de Avaliação do Ensino Superior". Desse modo, não necessariamente se trata de um projeto pensado para efetivamente conhecer e acompanhar o egresso que se está formando, mas como cumprimento de exigências, consistindo, portanto, em um instrumento administrativo (Paul, 2015).

Por fim, diante de todas as considerações apresentadas neste item, acerca do seu futuro como egresso, reforçamos, mais uma vez, a importância da sua autoidentificação profissional, do reconhecimento das suas necessidades formativas como aluno e futuro egresso, bem como o seu engajamento nas atividades acadêmicas e vivências profissionais, a fim de encontrar amparo na busca por inserção no mundo profissional.

Como incentivo para essa primeira reflexão, propomos-lhe pensar e elaborar seu currículo, a fim de que possa começar a identificar os seus pontos fortes e suas fragilidades, bem como as experiências conquistadas até aqui ao longo da sua trajetória acadêmica.

4.4 Pensando no seu currículo e sua projeção profissional

No Brasil, o egresso em Ciências Biológicas tem a opção de utilizar algumas plataformas para alimentar seu currículo, disponibilizando assim um currículo virtual gerido por uma agência de estágio ou emprego. Cada vez mais, modelos de currículo como esse têm se tornado comuns. Em contrapartida, o estudante ou o egresso podem, ainda, elaborar outros dois tipos de currículo: o Currículo Lattes e o *Curriculum Vitae*.

O Currículo Lattes é uma base de dados de currículos (de estudantes e profissionais) e instituições das áreas de Ciência e Tecnologia comportados em uma única plataforma, a Plataforma Lattes, que contém uma base de dados disponível ao usuário, às agências de fomento e às instituições de ensino e pesquisa do país (CNPq, 2024). Em geral, o Currículo Lattes é utilizado no âmbito acadêmico, sendo importante meio de avaliação da experiência do estudante ou profissional nas instituições de ensino e pesquisa. A seleção de discentes para projetos de iniciação científica, bem como estágios, além de processos seletivos e concursos públicos no âmbito das universidades públicas e outras instituições públicas de ensino e pesquisa contam com a comprovação de experiências contidas no Currículo Lattes mediante apresentação de documentos comprobatórios.

Já as organizações costumam disponibilizar suas vagas em agências virtuais de estágio ou emprego, a fim de que os candidatos interessados possam apresentar candidatura mediante cadastro e atualização do currículo. As mesmas organizações, por vezes, solicitam a entrega física do currículo aos candidatos selecionados para a entrevista. Nesse caso, o modelo de currículo solicitado será o *Curriculum Vitae* geralmente abreviado como CV.

O CV é um instrumento mais convencional nas organizações para os candidatos ilustrarem suas realizações no perfil da vaga divulgada. Ao contrário do Currículo Lattes, que é mais extenso, o CV costuma ser consideravelmente mais conciso, constando ali as experiências mais relevantes que serão capazes de demonstrar sua habilidade técnica e sua experiência profissional no perfil da vaga.

São vários os modelos de CV existentes e disponíveis. Plataformas de design gráfico e criação visual disponibiliza, em geral, um ou mais modelos de CV que possam ser preenchidos.

A composição do currículo é um aspecto relevante. Consiste na seleção de informações fornecidas ou de experiências ou vivências acadêmicas e profissionais selecionadas para serem apresentadas à concedente, para vagas de estágio, ou ao empregador, para vagas de emprego. A composição de currículo não pode ser dissonante da vaga desejada.

Por exemplo, um estudante que pretende se candidatar ao estágio em Análises Clínicas não pode apresentar como objetivo profissional a atuação em projetos de educação ambiental ou a dedicação a projetos de manejo e conservação da fauna, mas poderá indicar como objetivo desenvolver habilidades na análise de amostras biológicas para emissão de laudos e subsídio a diagnósticos de pacientes. Ao mesmo tempo, para uma vaga de estágio ou emprego para manejo da fauna silvestre, de nada valerão as experiências de um candidato em biologia molecular, por exemplo. Mas, quem sabe, as experiências em obtenção e análise de amostras biológicas provenientes de animais silvestres e de cativeiro?

Portanto, é importante conhecer e compreender o perfil selecionado para a vaga e, ainda mais, ser capaz de identificar seu potencial para se candidatar à vaga. Disso dependerá a composição do seu currículo.

Não existe uma regra sobre os itens requeridos para se incluir em um CV. Nas plataformas digitais de cadastro de currículos, o candidato será guiado pelas etapas e campos de preenchimento, facilitando o entendimento daquilo que a agência de integração e o recrutador pretendem conhecer sobre o candidato. Já nos modelos em aberto, partirão do candidato a sensibilidade e a criatividade para a elaboração do CV.

Um CV apresenta alguns itens importantes que serão descritos a seguir.

Fotografia de currículo

Em estudo sobre a importância da fotografia em CV, Paulos *et al.* (2020, p. 168) entrevistam empregadores, entre os quais as opiniões são divididas acerca da importância da fotografia, pois não é considerado um fator de exclusão. Segundo relatos dos entrevistados, situações que não são bem-vindas nas fotografias de currículo são "fotos na praia, ou de fotos sem t-shirt, ou de fotos com mãos de outras pessoas e que se corta, fotos de biquíni... (...)."

Segundo Viana (2018), a fotografia do currículo é uma forma de comunicação não verbal com a futura concedente ou o empregador. Segundo o estudo de Edwards e colaboradores (2015) *apud* Viana (2018), os utilizadores que colocam a sua fotografia em consonância com o seu perfil são considerados como socialmente mais atrativos e competentes do que os que não publicam fotografia.

Desse modo, é interessante que o candidato apresente uma fotografia no currículo que seja condizente com o perfil da vaga e que preferencialmente apresente qualidade visual e transmita sua empatia.

Dados pessoais

Os dados pessoais são aqueles que requerem, além do nome completo, data de nascimento, meios de contato (telefone e *e-mail*), *homepage* ou endereço de acesso a redes sociais, gênero, etnia e estado civil. Por razões óbvias, devem ser verificados a fim de que sejam preenchidos corretamente.

Geralmente, os dados pessoais são sucedidos pelo Objetivo do candidato na organização, que justifica a candidatura à vaga.

É comum que alunos graduandos conservem *e-mail* com apelidos, nomes de personagens ou de ídolos. Esse tipo de *e-mail* deve ser esquecido e, ao invés de usá-lo, o aluno deve criar um novo endereço, preferencialmente, com seu nome e sobrenome para transmitir imagem de seriedade com a candidatura à vaga.

Objetivo

Apesar de se tratar de um item opcional, quando é requerido, deve ser escrito com qualidade e apresentado de forma simples, acessível e compreensível.

O item objetivo deve demonstrar suas metas e objetivos profissionais e em qual área deseja atuar (CIEE-ES, 2020), e envolve, portanto, suas expectativas profissionais. É relevante que demonstre, por meio dos verbos utilizados, aquilo que poderá oferecer à organização, como, por exemplo: "colaborar; realizar; auxiliar; organizar; dentre outros".

Observe que, assim como qualquer objetivo escrito, o verbo deve estar no imperativo, e recomenda-se que seja escrito em, no máximo, três linhas.

O item objetivo, na maior parte dos modelos de currículos utilizados no Brasil, é aquele que permite que o candidato tenha maior liberdade para escrever sua breve percepção sobre a vaga e o desejo de se integrar à empresa. Segundo Paulos *et al.* (2020), recrutadores buscam avaliar a correspondência entre os valores do candidato e a cultura da organização. Logo, é importante que os candidatos demonstrem alguma identificação com os interesses da empresa e seu posicionamento no mercado de trabalho.

Alguns modelos de currículo disponibilizam outros itens que podem ser dedicados a essas informações, tais como: Interesses Pessoais e/ou Qualificações.

Deve-se evitar o uso de expressões vulgares para lhe atribuir qualidades, tais como proativo, corajoso, "pensar fora da caixa", sinergia, dinâmico. Antes de submeter o currículo, conheça a página da empresa, busque informações ou dicas fornecidas pelas agências de integração ou plataformas de oferta de vagas para estágio e empregos.

Existem alguns exemplos de redação do item "Objetivos" do CV que podem ser buscados nas páginas de universidades ou até mesmo nas plataformas de agências de integração de estágios e emprego, para profissionais experientes ou para ingressantes no mercado de trabalho, assim como você, aluno de graduação e futuro egresso.

Podemos enumerar alguns exemplos de "objetivos" que podem ser utilizados na elaboração de um CV, conforme segue:

A. Para busca de experiências em estágio

[Como graduando(a)], busco *colaborar com a equipe da (nome da empresa) na atividade de (nome da atividade), desenvolver competências e habilidades no ramo e contribuir para o sucesso da empresa.*

B. Para egressos inexperientes

[Recém-formado(a) na área], mas com habilidades compatíveis com a atividade (nome da atividade), desejo colaborar com a equipe (nome da equipe) da (nome da empresa) em favor do crescimento da organização e do aperfeiçoamento profissional.

C. Para egressos com experiência

[Como profissional experiente] almejo ingressar em novos desafios na (acrescentar sua área) para aprimoramento pessoal e, sobretudo, cooperar com a missão, as metas e a projeção da (incluir nome da empresa) no mercado.

Atividades curriculares e extracurriculares

(Para graduandos que buscam estágio.)

Apontamos este item como essencial para compor o currículo de graduandos que buscam por oportunidades em estágios obrigatórios e não obrigatórios, ou os recém-formados.

Consideramos como atividades curriculares aquelas que contam como horas acadêmicas complementares, requeridas nos currículos dos cursos de graduação, e que contabilizam horas para a integralização dos cursos.

Como atividades extracurriculares, consideramos as vivências profissionais em estágios supervisionados não obrigatórios, bem como a participação em projetos de consultoria como técnico de campo, ou em campanhas de vacinação, em projetos de educação e conscientização ambiental, cursos de extensão como ouvinte ou participante, dentre outros.

No contexto de vagas oferecidas para estagiários e recém-formados, o envolvimento em atividades extracurriculares ao longo da vida acadêmica se constitui fator decisivo para a inserção no mercado de trabalho e para se construir uma rede de contatos profissionais que possa ser vantajosa para alunos que se engajam em atividades além das curriculares poderem conferir vantagens em um processo de seleção (Paulos *et al.*, 2020, p. 169). Segundo os autores,

> mais recentemente, outros estudos (e.g. Bennett e Robertson, 2015; French *et al.*, 2015) têm destacado que as experiências concretas e de participação ativa representam as aprendizagens mais significativas e duradouras, necessárias no processo de transição para o MT. No que respeita às atividades extracurriculares como, por exemplo, fazer parte de núcleos e/ou associações de estudantes, grupos de jovens e/ou escuteiros, e programas de voluntariado, os participantes entendem que os diplomados que procuram este tipo de atividades demonstram competências muito valorizadas no MT como, por exemplo, capacidade de iniciativa e de trabalhar em equipa, capacidade de sair da zona de conforto e capacidade de comunicação.

Assim, sugerimos que atividades como as supracitadas sejam incluídas como Atividades Curriculares e Extracurriculares no CV do candidato.

É muito importante que no item Atividades Extracurriculares sejam apresentadas aquelas que estão entre as mais relevantes e que são adequadas ao perfil da vaga.

As atividades devem ser enumeradas em ordem cronológica, indicando:

- A data (ou período) de realização;
- A natureza (curso, palestra, consultoria ambiental, projeto de educação ambiental, divulgação científica etc.);
- A atuação (mediador, auxiliar de campo, comunicador, coletor etc.);
- A afiliação (incluir o nome da instituição ou do projeto no âmbito do qual a atividade foi realizada).

Cabe ressaltar que, na escrita do currículo, exceto para o item Objetivos, se deve evitar textos que usem os pronomes pessoais da primeira (e.g., realizei) ou da terceira pessoa (e.g., realizou). O candidato deve apenas preencher informações referente aos campos requeridos para cada item.

Experiência profissional

(Para estagiários e egressos.)

O item Experiência Profissional, por sua vez, refere-se a atividades que envolvem responsabilidade profissional por determinado período, e não esporádicas como as atividades extracurriculares, e, ainda, que não configuram estágio não obrigatório. Neste caso, são experiências profissionais aquelas que foram realizadas mediante cumprimento de contratos de trabalho ou prestação de serviço autônomo por comprovação.

Estudantes de graduação em Ciências Biológicas, por razões óbvias, não podem assumir cargos e funções na área antes de sua diplomação. No entanto, se formados em outras cursos ou ensino médio técnico, podem atuar em áreas afins, ou ainda, podem ser contratados junto a empresas que realizam atividades afins às áreas de atuação do Biólogo. Tais experiências profissionais podem ser vistas como positivas por empregadores, inclusive para o recrutamento de estagiários e egressos.

Segundo Paulos *et al.* (2020), na perspectiva de empregadores, o candidato graduando com experiência profissional em paralelo à graduação estará mais bem preparado para se adaptar às exigências do mercado de trabalho, uma vez que desenvolveu competências relacionadas às atividades profissionais como trabalho em equipe, capacidade de adaptação, aprimoramento das relações interpessoais e valorização do trabalho.

Já aqueles que não apresentam graduação anterior ou que não se envolveram em atividades profissionais pretéritas ou paralelas à graduação podem utilizar suas experiências extracurriculares para conquistar a atenção de recrutadores.

As atividades devem ser enumeradas em ordem cronológica, indicando:

- O período de dedicação contendo mês e ano. Quando a atividade estiver em andamento, deve ser referida como "atual".
- A natureza (curso, palestra, consultoria ambiental, projeto de educação ambiental, divulgação científica etc.).
- A atuação (inserir informações sobre o cargo ocupado e a função realizada). Em alguns casos, a apresentação das atribuições é bem-vinda.
- A organização (nome da empresa contratante).

Formação acadêmica

O item Formação acadêmica deve elencar as instituições de ensino e modalidades de ensino cursadas pelo candidato ao longo de sua vida acadêmica. A formação técnica em área afim pode conferir vantagem em processo seletivo frente a outros candidatos que não tenham realizado ensino médio de nível técnico. No entanto, estudantes que realizaram nível médio de formação geral podem investir em cursos suplementares nas áreas de conhecimento do seu interesse. Além disso, atividades extracurriculares, quando incrementadas, podem suprir a carência de uma formação técnica pretérita.

Aqueles que não apresentam graduação anterior ou que não se envolveram em atividades profissionais pretéritas ou paralelas à graduação podem utilizar suas experiências extracurriculares para conquistar a atenção de recrutadores.

Neste item, devem ser elencados apenas:

- A data de conclusão do curso, quando não estiver concluído deve ser indicado como "atual".
- O nome da formação (e.g., Técnico em Química, Ensino Médio, Formação Geral, Tecnólogo em Gestão Ambiental etc.).
- O nome da instituição de ensino.

No Brasil, outras informações valorizadas no currículo são o domínio de um **idioma**, sendo o inglês o mais comumente requerido entre os recrutadores, e o **conhecimento em informática**, que testam o domínio sobre os programas de edição e elaboração de dados e arquivos, em geral procedidos no Pacote Office, bem como a familiaridade com determinado sistema operacional ou linguagem de programação. Para essas habilidades, a informação pode ser fornecida na forma de níveis de classificação.

Para determinar seu nível de habilidade linguística, utilize as descrições das classes com base no Quadro Europeu Comum de Referência para Línguas (CEFR, na sigla em inglês), um padrão internacional utilizado para descrever os níveis de proficiência.

Já para determinar seu nível de habilidades em informática deve-se pensar na facilidade de uso de cada programa utilizado individualmente. Alguns alunos apresentam dificuldade de uso do Word e do Excel, enquanto outros apresentam nível básico em um desses ou em ambos. Desse modo, prefira utilizar os níveis básico, intermediário e avançado, e selecione a categoria que seja condizente com o domínio de uso do programa.

Agora que você já sabe como buscar seu estágio, bem como outras oportunidades, que tal aprimorar sua escrita? Pois é, a escrita do Relatório de Estágio é etapa determinante na aprovação da disciplina, não sendo a única vez que as suas habilidades em escrita serão requeridas antes ou depois da sua diplomação. Desse modo, esteja preparado para apresentar e expressar suas ideias, para elencar e descrever os conhecimentos adquiridos por meio da leitura e das atividades empírico-experimentais. Além disso, esteja preparado para discutir e argumentar suas posições técnico-científicas na forma de texto.

Vamos à escrita do Relatório de Estágio.

Capítulo 5

O Relatório de Estágio Supervisionado Obrigatório

5.1 Atividade de estágio, trabalho acadêmico e relatório

Uma atividade de estágio não necessariamente corresponde a um projeto de pesquisa, em muitos casos as atividades correspondem a atividades rotineiras e diárias de uma determinada instituição, e não existe ali nenhum problema a ser analisado. Um projeto de pesquisa necessariamente parte de uma pergunta a ser respondida e, para isso, métodos e protocolos específicos são desenvolvidos. Um projeto de pesquisa pode ser uma atividade de estágio, mas nem toda atividade de estágio corresponde a um projeto de pesquisa. Quando o estágio é feito dentro de um projeto de pesquisa, pode gerar um trabalho acadêmico. Trabalho acadêmico pode ser definido, segundo a NBR 14724, como "Documento que representa o resultado de estudo, devendo expressar conhecimento do assunto escolhido, que deve ser obrigatoriamente emanado da disciplina, módulo, estudo independente, curso, programa e outros ministrados. Deve ser feito sob a coordenação de um orientador."

De qualquer forma, sendo projeto de pesquisa ou não, um dos documentos finais do estágio é o relatório de estágio. Um relatório é uma *exposição escrita na qual se descrevem fatos, se apresentam resultados de pesquisas ou atividades técnico-científicas, ou relatos simples de experiências e atividades realizadas. Além de texto escrito, apresenta também tabelas, gráficos e figuras para ilustrar ou sintetizar resultados* (Paraná, 1996). Um trabalho acadêmico é fruto de um projeto de pesquisa científica, que começa como uma pergunta acerca de determinado tema, que segue métodos e protocolos validados pela comunidade científica, e que, geralmente, resulta na elaboração de um trabalho que será divulgado em revistas especializadas ou livros de áreas específicas. Como podemos perceber, existem diferenças importantes entre os dois tipos de documentos. Um relatório pode conter dados e resultados de um trabalho acadêmico, mas nem todo relatório pode ser considerado um trabalho acadêmico.

Sendo assim, relatórios podem ser técnico-científicos, de viagem, de estágio, de visita, administrativos e fins especiais. Os relatórios técnico-científicos e de estágio são os tipos que nos interessam aqui, seja para a sua vida acadêmica ou para a disciplina Estágio. O relatório técnico-científico deve ser elaborado segundo as normas estabelecidas na norma ABNT *NBR* 10719:2015. O relatório de estágio, além da parte técnico-científica, que não é obrigatória, deve ter uma parte descritiva das várias etapas realizadas no estágio, desde o processo de seleção (se houver) até uma descrição das atividades realizadas, podendo ser classificados em (Roesch *et al.*, 1996, p. 65):

- De pesquisa-aplicada, visando gerar soluções para os problemas humanos;
- De avaliação de resultados, julgando a efetividade de um plano ou programa;

- De avaliação formativa, com o propósito de melhorar um programa ou plano, acompanhando sua implementação;
- De proposição de plano, objetivando a apresentação de soluções para problemas já diagnosticados;
- De pesquisa-diagnóstico, que é a exploração do ambiente, levantando e definindo problemas.

A definição dos objetivos do estágio e do tipo de trabalho que se pretende exercer deve levar em consideração os objetivos comuns entre empresa/instituição, aluno e instituição de ensino. Diferentes tipos abordagens demandarão etapas e metodologias diferentes. No entanto, alguns aspectos são gerais e comuns para todos os tipos de relatório.

5.2 Estrutura do relatório

O relatório deve conter o relato de todas as suas fases, desde o plano inicial até a coleta e organização dos dados e do material do estágio. Para a elaboração do relatório é necessário pensar no plano inicial, em que a forma de registro tem relação com o tipo de estágio. Por exemplo, é interessante em um estágio de análises clínicas registrar os procedimentos realizados e as técnicas utilizadas. A fase de coleta inclui o planejamento da organização dos dados, como organizar planilhas, relatos, fotos e outros registros. Na fase de redação deve ser feita a revisão crítica do relatório, com a avaliação do estilo, a forma do conteúdo e a apresentação dos dados. São elementos básicos de um relatório: capa, folha de rosto, sumário, listas de tabelas e figuras, resumo, texto, referências bibliográficas e anexos ou apêndices. Esses elementos acima podem ser agrupados em elementos pré-textuais, textuais e pós-textuais.

A folha de rosto (obrigatório) e o sumário (opcional) são os elementos pré-textuais. Os elementos textuais envolvem o resumo e o *abstract*, a introdução, o desenvolvimento e a conclusão e os elementos pós-textuais são as referências (obrigatório), o apêndice e os anexos (opcionais) (Santos; Carvalho, 2015). Abaixo segue uma breve descrição dos elementos pré-textuais e textuais.

Elementos Pré-Textuais e Textuais

A capa apresenta informações tais como o nome da organização responsável, o nome dos autores, o título, o subtítulo (se houver), o local, o ano de publicação, em algarismo arábico, que devem ser apresentados nesta ordem (NBR 14274-2001). Outra recomendação desta NBR é que estes itens sejam escritos em tamanho 12 e Times New Roman, mas esta recomendação pode variar, já que outras instituições podem padronizar tamanho e tipos de fontes diferenciadas.

A folha de rosto é a principal fonte de identificação do relatório e contém informações tais como nome da organização responsável, título, subtítulo (se houver), nome do responsável pela elaboração do relatório, local e ano da publicação em algarismos arábicos. Também pode ter informações importantes como os registros de catalogação da obra, o ISBN, por exemplo. O ISBN (*International Standard Book Number*) é um padrão numérico que identifica publicações monográficas, como livros, artigos e apostilas. O ISBN é composto por 13 dígitos que identificam o título, o autor, o país, a editora e a edição da obra.

Listas de tabelas e listas de ilustrações são as relações das tabelas e ilustrações na ordem em que aparecem no texto. Elas são apresentadas junto a suas respectivas legendas. Em relatórios de estágio esses elementos não são necessários, geralmente são pedidos em dissertações e teses.

O sumário é uma relação das partes textuais do trabalho e sua paginação. O sumário é frequentemente confundido com o índice. Sumário e índice são diferentes. O sumário deve começar pelo primeiro elemento textual, e todos os elementos devem constar dele. O índice é uma relação de conceitos, assuntos e outros nomes que aparecem no texto e podem precisar de definição. O índice apresenta esses itens em ordem alfabética seguidas das páginas em que são encontradas no texto.

Por fim, o resumo apresenta metodologia, resultados e discussão de forma sucinta. É uma parte muito importante de um trabalho acadêmico, pois é pelo resumo que as pessoas decidem se o trabalho é interessante para elas. Geralmente, deve conter de 200 a 250 palavras, mas isso varia muito em relação ao tipo de publicação. Em relatórios de estágio, este item não é obrigatório. Neste elemento, o autor deve descrever as principais etapas do trabalho e seus resultados mais relevantes de forma bem sucinta. Portanto, ele deve ser o último elemento da parte pré-textual e deve ser elaborado seguindo as normas da NBR 6027-2003. Muitos trabalhos acadêmicos pedem também sua versão em outro idioma, geralmente o inglês, o qual é denominado *Abstract*.

O texto é a parte do relatório em que o assunto é apresentado e desenvolvido, e é dividido em introdução, desenvolvimento e conclusão. A introdução deve apresentar o estado da arte, ou seja, o conhecimento existente sobre determinado assunto e suas referências. Em um relatório de estágio cabem outras informações importantes. É recomendável que o relatório apresente o local onde foi feito o estágio, em que período, quem foi o supervisor, em que área e o nome do professor da disciplina Estágio Supervisionado. Cabe também uma breve apresentação da empresa e de suas atividades, bem como a infraestrutura do local de trabalho e as principais atividades realizadas no setor em que foi feito o estágio.

O desenvolvimento, em um trabalho acadêmico, corresponde a metodologia, resultados e discussão, que são as etapas formais de um trabalho acadêmico. Em um relatório de estágio, estes elementos podem constar também, dependendo do tipo de estágio, incluindo, conforme o caso, trabalhos apresentados, casos clínicos, seminário, grupos de estudos e, se necessário, tabelas, quadros, fotos, imagens e figuras. No entanto, quando não for o caso, esta parte deve constar um relato de todas as atividades desenvolvidas no estágio de forma detalhada. É também recomendável que o relatório seja escrito utilizando a primeira pessoa do singular e descrevendo claramente o que você fez e qual a importância dessa experiência para a sua formação. Tenha cuidado na redação desses elementos, pois eles serão utilizados para a avaliação do seu desempenho no estágio curricular obrigatório supervisionado.

Os elementos pós-textuais são as referências bibliográficas e os anexos. As referências bibliográficas são obrigatórias e são a relação das fontes consultadas pelo autor. Todas as obras citadas no texto deverão obrigatoriamente figurar nas referências bibliográficas. Devem seguir a NBR 6023, e as citações no texto devem seguir a NBR 10520.

Os anexos (ou apêndices) são compostos pelo material suplementar, tais como planilhas de coleta de dados, modelos de questionários, listas com dados complementares, modelos de documentos, fotos e outros documentos complementares ao trabalho. Os anexos são enumerados com algarismos arábicos, seguidos do título.

Figura 5.1 - Modelo de relatório final de estágio supervisionado curricular.

5.3 Etapas da construção de um trabalho acadêmico e relatório

5.3.1 O texto científico

O texto científico é um texto destinado a comunicar os avanços e problemas de um determinado campo do conhecimento, bem como discutir suas implicações e limitações.

Este tipo de texto é diferente de outros gêneros literários, pois ele deve ser objetivo, direto e preciso, obedecendo a ordem lógica do raciocínio. São características e cuidados que se devem tomar quando está se escrevendo um texto científico:

– **Objetividade e Clareza**

- O texto científico deve ser direto e preciso. Evite frases longas e complexas. Opte por frases curtas que transmitam a ideia de forma simples (Fachin, 2003).
- Utilize palavras familiares e evite excesso de termos técnicos, considerando que o público-alvo pode não estar familiarizado com todos os jargões.

– **Revisão e *feedback***

- A revisão é fundamental. Peça a colegas, amigos ou familiares para lerem seu texto. Após muito tempo de contato com o conteúdo, fica difícil perceber erros e problemas.
- A visão externa ajuda a identificar inconsistências e a aprimorar a clareza.

– **Organização e estrutura**

- Na primeira escrita, coloque no papel todas as ideias que vêm à mente. Depois, organize o texto, alongando ou subdividindo as ideias, conforme necessário.
- A ordem lógica do raciocínio é essencial. Comece com uma introdução clara, desenvolva os argumentos e conclua de forma concisa.

– **Cuidado com adjetivos e termos subjetivos**

- Evite adjetivos subjetivos, como "feio" ou "bonito", em um texto científico. Eles não têm lugar nesse contexto.
- Também tome cuidado com termos que expressem qualidade, quantidade ou frequência, quando usados com palavras como "bom", "muito" ou "às vezes". Esses termos podem gerar interpretações variadas.

5.3.2 Tipos de trabalhos acadêmicos

Relatórios que contenham dados coletados de forma sistemática, seguindo protocolos predefinidos de acordo com as etapas de uma pesquisa científica podem resultar em trabalhos científicos acadêmicos. Os tipos de trabalhos científicos acadêmicos são:

– **Resumo:** é um texto que coloca de forma clara as principais ideias do texto, sendo necessário para escrevê-lo tentar sintetizar aqueles aspectos mais importantes do mesmo. Em um resumo é necessário tentar exprimir as ideias principais do texto considerando a ordem em que aparecem e a lógica do mesmo, ou seja, tentando resumir o encadeamento de ideias que o texto propõe. O importante é que o leitor consiga entender o que pode encontrar no trabalho mesmo sem precisar lê-lo, ou seja, o resumo deve ser compreensível por si mesmo, dispensando a consulta ao original (Salomon, 2001; Medeiros, 2004).

Podemos dividir o resumo em três tipos básicos. O resumo informativo que se limita a resumir obra de terceiros, o resumo crítico, que, além de resumir a obra, também apresenta opinião sobre o assunto (também chamado resenha) e o resumo acadêmico científico que precede obras científicas e acadêmicas e serve para determinar se interessa ler o documento na íntegra. Este último tipo é o mais utilizado pelo biólogo, pois é o que precede os relatórios técnicos e os artigos. Este tipo de resumo deve ser quase que telegráfico, composto de frases concisas e objetivas, feito em um único parágrafo, e deve ser seguido das palavras representativas do conteúdo do trabalho, chamadas de palavras-chave.

- **Artigo:** contém o desenvolvimento de uma pesquisa e suas etapas. Também pode ser composto de uma análise de ideias, opiniões, revisões e críticas sobre um determinado assunto. Os artigos são publicados em revistas técnicas, jornais ou boletins. Eles também possuem elementos pré-textuais e pós-textuais, e devem seguir as normas do local ao qual é submetido. Em caso de estudos empíricos que envolvam procedimentos experimentais, o desenvolvimento pode ser dividido em materiais e métodos, resultados e discussão. A discussão geralmente substitui a conclusão, pois ela está contida na primeira. Os trabalhos científicos acadêmicos podem ser relatórios de pesquisa, monografias, teses, dissertações e outros que têm essa estrutura (NBR 6022/2018).

5.3.3 A escrita de um artigo científico

Os artigos científicos são os meios pelos quais as ideias, os resultados e as hipóteses são comunicados no meio acadêmico. Um artigo científico é o **trabalho acadêmico** que apresenta os resultados de uma **pesquisa** que utilizou o **método científico** e que foi submetida ao crivo da comunidade científica.

Existem várias possibilidades de publicações científicas. Os artigos científicos podem ser dados e testes empíricos (artigo propriamente dito), podem apresentar a revisão de um assunto (neste caso chamados de artigos de revisão) ou podem apresentar resultados sucintos ou um aspecto particular de um determinado assunto de forma curta e objetiva (neste caso, é considerado uma nota). Em zoologia e botânica é muito comum a publicação de pontos de ocorrência de espécies que visam aumentar o conhecimento da ocorrência e a distribuição destas espécies. Essas ocorrências são feitas por meio de notas. Atualmente também existe a possibilidade da publicação dos dados brutos, estes artigos são chamados de *data-papers* (artigos de dados).

A escrita científica é um gênero específico, empregado pelos pesquisadores, para divulgar o resultado de seus estudos. A linguagem utilizada em textos acadêmicos é formal e técnica. Como é um gênero bem específico, é importante observar alguns critérios e regras para que sua publicação seja bem aceita (Ferraz; Navas, 2016).

A escrita acadêmica é impessoal, objetiva e direta. Por isso, ela difere dos outros estilos, pois requer certos cuidados para que a informação seja passada de forma direta e não ambígua. Para se ter familiaridade com a escrita científica, é necessário ler os artigos científicos da sua área. Sem isso, é impossível elaborar um artigo, já que é necessário saber o estado da arte e o que está sendo discutido.

Uma das etapas importantes na elaboração do artigo é ter familiaridade com as normas de elaboração de artigos científicos que são, principalmente, a NBR 6021/2015 e a NBR 6022/2018.

O começo da escrita de um trabalho científico pode ser a fase mais difícil, pois muitos alunos ficam perdidos em como começar a abordar o assunto. Uma boa técnica para começar a escrever é elencar os tópicos que vão compor o texto. Isto ajuda a organizar as ideias que poderão ser desenvolvidas com mais detalhes por meio da consulta às suas anotações e aos resumos feitos com os artigos que foram lidos. Ou seja, redija um texto inicial com as suas palavras e vá acrescentando informações aos poucos. Após a elaboração do manuscrito, revise o texto, acrescente dados importantes e retire os que não são relevantes. Tenha em mente que objetividade e concisão são valorizadas neste processo. Outra prática que pode ajudar na confecção do artigo é registrar as ideias. Fazer anotações sobre as ideias relacionadas ao trabalho, mantê-las em arquivos no computador ou fazer anotações em cadernos ou diários pode ajudar a retomar ideias que podem ter sido deixadas de lado por conta de outras demandas ou exigências mais urgentes.

É muito importante rever a ortografia e a gramática e prestar atenção aos erros de digitação. Uma escrita ruim e com muitos erros aumenta muito a chance de rejeição do seu trabalho. Outra coisa com a qual se deve tomar cuidado é a prática de plágio. Plágio pode ser definido como uma apresentação feita por alguém, como de sua própria autoria, de trabalho, obra intelectual etc. produzido por outrem (Ferreira, 2011). Plágio é crime tratado principalmente na esfera civil ou enquadrado como crime contra o direito autoral, como descrito no art. 184 do Código Penal, alterado pela Lei n° 10.695/2003.

Antes de fazer o artigo completo, é sempre bom submeter resultados parciais de seu trabalho a congressos, simpósios, seminários e outros eventos da área, pois as regras normalmente são mais simples, e as avaliações, mais rápidas. Além disso, você poderá trocar ideias e impressões sobre o seu trabalho, construí-lo de forma paulatina e ir percebendo os erros e as falhas que ainda podem ser consertados ou pontos que podem ser melhorados.

5.3.4 Pesquisa em base de dados (bibliografia)

Todos os tipos de trabalhos acima citados têm como parte inicial e principal a revisão bibliográfica, por isso essa deve ser considerada uma etapa fundamental da realização de qualquer trabalho técnico-científico. A pesquisa bibliográfica constitui o primeiro passo fundamental para o início de qualquer trabalho técnico ou de pesquisa científica, pois, por meio dela tem-se o conhecimento "estado da arte" de determinado tema, que é o conjunto de conhecimentos, teorias e fatos que se tem sobre determinado assunto, ou seja, o que se sabe e quais são as lacunas ainda existentes sobre eles. É também uma fase muito importante para a elaboração de metodologias corretas, cientificamente validadas e testadas, o que influenciará diretamente a realização dos trabalhos. O conjunto de estudos existentes sobre um tema e utilizados em um trabalho científico é chamado de referências bibliográficas.

Existem dois tipos de fontes de informação: informais ou formais. As informais compreendem comunicações orais, contatos pessoais, entre outras. Já as formais são representadas por congressos e conferências, legislações, periódicos, patentes, teses e dissertações, traduções, relatórios técnicos, biografias, catálogos, dicionários, livros, manuais, internet, bibliotecas, centros de informação, bem como outras fontes (Graziosi *et al.*,s.d.).

Todas as referências de uma determinada área podem ser encontradas em obras chamadas de *Current Contents*. Estas são coleções que agrupam as referências válidas para todas as grandes áreas da Ciência agrupadas segundo suas afinidades, por exemplo: *Current Contents* de Ciências da Agricultura, Biológicas e Ambientais, de Artes e Humanidades, de Prática Clínica, de Ciências da Vida e outras. Antes do advento e da popularização da grande rede de computadores, estas obras eram impressas e enviadas a todas as bibliotecas. Atualmente, eles continuam sendo impressos, no entanto, também estão disponíveis no ISI Web of Knowledge com atualizações diárias. (Acesso direto: https://www.webofknowledge.com).

O *Web of Science* (anteriormente conhecido como *Web of Knowledge*) é uma plataforma *online* que oferece acesso a várias bases de dados bibliográficas. Originalmente criado pelo *Institute for Scientific Information* (ISI) e atualmente mantido pelo *Clarivate Analytics*, o *Web of Science* permite buscas por palavras-chave, assuntos e autores. Além de referências bibliográficas, a plataforma também fornece informações sobre citações e índices de impacto. A seleção do conteúdo é rigorosa, considerando critérios como impacto, revisão por pares e representação geográfica. Para pesquisadores, essa ferramenta é essencial para encontrar artigos relevantes e avaliar a qualidade das publicações. As coleções centrais do *Web of Science* consistem em bases de dados virtuais, sendo as mais conhecidas: *Science Citation Index Expanded*; *Social Sciences Citation Index* (disciplinas de ciências sociais); MEDLINE (*Medical Literature Online*, área biomédica), EMBASE, LILACS (Latino-americano), *Life Science Collection* e ERL.

A MEDLINE é produzida pela *National Library of Medicine* (Washington) desde 1966 e tem como produtos impressos: *Index Medicus*, *Index to Dental Literature*, *Nursing Index* (disponível em http://www.nlm. nih.gov/). A EMBASE tem como produto a Excerpta Medica, editada em cerca de 50 seções, dedicadas cada uma delas a um ramo da medicina (disponível em http://www.elsevier.com/). A LILACS (*Literatura Latinoamericana en Ciencias de la Salud*) indexa artigos de 542 títulos de periódicos (180 brasileiros), livros, teses, trabalhos apresentados em eventos, relatórios científicos e outros documentos não convencionais de 37 países da América Latina e do Caribe (disponível em http://www.bireme.br). A *Life Science Collection* contém referências bibliográficas e resumos de artigos de periódicos de âmbito internacional, sobre biologia, entomologia, ecologia etc. E a ERL (*Eletronic Reference Library*) é uma base de dados do SIBI/USP (http://www.usp.br/sibi).

Existem várias bases de dados que fornecem referências bibliográficas, e muitas delas incluem revistas científicas. Essas revistas podem ser de acesso livre (*open-access*) ou pagas. No caso das revistas pagas, o acesso aos artigos requer assinatura individual, empresarial ou institucional. Para acessá-las, podemos utilizar bibliotecas virtuais. No Brasil, o **Portal Periódico Capes** é uma ferramenta financiada pela CAPES e disponível para todas as universidades brasileiras. Além disso, o **Google Acadêmico** oferece acesso a publicações hospedadas em bases de dados livres, e a **Scielo** é uma biblioteca digital cooperativa que reúne periódicos científicos brasileiros. Essas plataformas são essenciais para a pesquisa acadêmica e científica.

O Portal Periódicos da CAPES é apenas uma das bibliotecas disponíveis na grande rede. Uma das bibliotecas de fácil acesso, não só brasileiro, mas também mundialmente, é o Google Acadêmico, que dá acesso apenas a publicações hospedadas em base de dados livres (*open-access*), teses e outras referências, indexadas ou não indexadas. A Scielo é outra biblioteca digital de livre acesso e modelo cooperativo de publicação digital de periódicos científicos brasileiros, resultado de um projeto de pesquisa da Fundação de Amparo à Pesquisa de São Paulo – FAPESP, em parceria com a Centro Latino-Americano e do Caribe de Informação em Ciências da Saúde – Bireme. A partir de 2002 conta com o apoio do Conselho Nacional de Desenvolvimento Científico e Tecnológico – CNPq.

Toda pesquisa em base de dados começa pela definição das palavras-chave, que podem ser obtidas a partir de palavras mais gerais sobre o tema desejado, para inicialmente obter algumas referências. E, posteriormente, consultando-se alguns trabalhos sobre o tema, mais palavras-chaves são encontradas após os resumos e os *abstracts*. Geralmente, o uso de uma palavra-chave em uma busca bibliográfica resulta em uma quantidade muito grande de trabalhos para verificar. Por exemplo, se você digitar no Google Acadêmico a palavra-chave "educação ambiental", obterá cerca de 1.400.000 resultados. Obviamente, é uma quantidade muito grande de trabalhos para consultar. Para refinar a sua busca é possível utilizar filtros, tais como escolher o período (a partir de ano) da sua busca, o nome do autor e adicionar outras palavras-chave. Na busca feita anteriormente, se o ano de 2024 for selecionado, a busca resultará em 15 mil trabalhos, número ainda muito alto. E, se outros termos forem adicionados, como, por exemplo, "educação ambiental nas escolas", esses resultados caem para 6.230. Usando o mesmo passo a passo com as mesmas palavras-chave na plataforma dos Periódicos Capes, obtêm-se 17.591, 627 e 46 trabalhos. Pode-se perceber que há uma variação muito ampla na quantidade de trabalhos encontrados entre uma base de dados e outra. Isto acontece porque a base dos Periódicos Capes oferece acesso a várias bases de dados e revistas indexadas, incluindo aquelas que requerem assinatura, e o conteúdo disponível passa por um processo rigoroso de seleção e avaliação. Já o Google Acadêmico é uma ferramenta global, que inclui uma ampla variedade de fontes, desde revistas acadêmicas até teses de mestrado e doutorado. No entanto, não há uma avaliação formal da qualidade do conteúdo. É uma opção conveniente para pesquisadores em todo o mundo, mas não garante a mesma seleção rigorosa que o Portal de Periódicos da Capes.

Dessa forma, é recomendável utilizar, no início, uma ferramenta mais restritiva e começar a buscar pelos anos mais atuais, pois você terá acesso aos trabalhos mais rigorosos e mais atuais. Também é interessante começar por revisões do tema – escolha também a mais atual. Nestes trabalhos de revisão você pode encontrar nas referências bibliográficas trabalhos que podem ser mais úteis.

5.3.5 Metodologia do trabalho

Método significa procedimento, técnica ou meio de fazer alguma coisa de acordo com um plano (Houaiss, 2001). Em um trabalho científico ou acadêmico, a metodologia é utilizada para descrever a forma como será executada a pesquisa e os passos que serão dados para atingir o objetivo proposto.

Geralmente, a descrição do método começa pela área de estudo em um trabalho científico e o objeto de estudo. É essencial fornecer detalhes sobre onde os experimentos ou as coletas de dados foram realizados. Detalhes sobre a estrutura utilizada, os equipamentos e as técnicas são importantes para o entendimento do leitor e a comparação com os demais trabalhos da área. Em estudos laboratoriais é importante dizer em que laboratório os experimentos foram realizados. Em estudos ambientais onde são feitas amostragens de campo, coordenadas geográficas, uma breve contextualização (país, estado, localidade) e informações sobre vegetação, clima, topografia e elevação é importante. Um mapa pode ser uma ferramenta útil para visualizar a área. Além disso, considere aspectos como a microtopografia (variações pequenas no relevo) e o histórico da área. Esses detalhes contribuem para que o leitor compreenda completamente o contexto do estudo.

O delineamento amostral é um aspecto fundamental do trabalho científico, ele é o *design* do seu estudo. Nele, você define a população ou a área que está estudando, os equipamentos a serem utilizados, a duração da coleta e a frequência das medições. A amostragem pode ser intencional, aleatória simples, sistemática, estratificada ou por conglomerados (Rover, 2006). Na amostragem intencional, como o próprio nome diz, os elementos e a unidade amostrais são escolhidos intencionalmente, em função da relevância que representam em relação a determinado assunto. Sendo assim, não segue as regras estritas de probabilidade. Em vez disso, o pesquisador usa critérios subjetivos para selecionar os participantes. Já na amostragem aleatória simples, cada elemento ou unidade amostral tem a mesma probabilidade de ser escolhido, ou seja, neste tipo segue as regras estritas de probabilidade. Na amostragem sistemática, selecionam-se os elementos ou unidades amostrais de forma sistemática, seguindo um padrão predeterminado. A amostragem estratificada, por sua vez, é composta por subgrupos da pesquisa que são identificados na população e representados na amostra na mesma proporção que existem na população. Por fim, a amostragem por conglomerados é o tipo de seleção indicada nas situações em que é impossível a identificação de seus elementos – podem ser quarteirões, edifícios, condomínios, vilarejos etc. Retiramos alguns elementos de cada conglomerado.

A representatividade da amostra é um dos pilares fundamentais em qualquer pesquisa científica. Ela determina quão bem os resultados obtidos a partir da amostra podem ser generalizados para toda a população. Imagine que estamos estudando a preferência alimentar de uma espécie de pássaro em uma floresta. Se coletarmos amostras apenas em uma parte específica da floresta, podemos subestimar ou superestimar a preferência alimentar dessa espécie como um todo. Portanto, a amostra deve ser composta de um número suficiente de elementos e deve refletir a diversidade presente na população. Vamos explorar alguns pontos-chave, a saber:

– Tamanho da amostra: a suficiência amostral está diretamente relacionada à precisão das estimativas. Quanto maior a amostra menor a incerteza. O número de elementos na amostra afeta a precisão das estimativas. A famosa regra "n=30" é frequentemente citada, pois este é um número que corresponde à estabilização da curva no teste-T de Student, ou seja, é quando a distribuição se aproxima de uma distribuição normal. Mas essa abordagem tem limitações. A suficiência amostral varia conforme o contexto. Em algumas situações, como estudos clínicos, precisamos de amostras maiores para detectar diferenças significativas. Em outras, como estudos de populações raras, pode ser difícil atingir um grande nível amostral. Em ecologia, curvas de rarefação são muito usadas. Elas nos ajudam a entender se nossa amostragem capturou adequadamente a diversidade de espécies. Quando a curva de rarefação atinge uma assíntota (ou seja, não aumenta mais), podemos inferir que provavelmente já capturamos a maioria das espécies presentes na área estudada.

Medidas de tendência central e dispersão também nos ajudam a entender se nossa amostra é representativa da população em estudo. A relação entre as medidas de tendência central (média, mediana, moda) e as de dispersão (variância, desvio-padrão, erro-padrão) nos dizem o quão "espalhados" os dados estão. Por exemplo, se estamos medindo a altura de estudantes em uma escola, uma média de 160cm com um desvio-padrão de 20cm indica uma variabilidade maior do que se tivermos um desvio de 10cm. A estatística que representa o desvio-padrão em relação à média é o coeficiente de variação.

Amostragens que fazem uso de questionários devem fazer o pré-teste, que envolve testar os instrumentos de pesquisa (como questionários) em uma pequena parte da população ou amostra antes de aplicá-los definitivamente. O objetivo é identificar possíveis falhas, ajustar o instrumento e garantir que ele funcione corretamente. Se um questionário tiver problemas (por exemplo, perguntas confusas, respostas ambíguas), os resultados podem ser distorcidos. O pré-teste ajuda a evitar isso. Com base no *feedback* dos participantes do pré-teste, é possível fazer melhorias no questionário. Para realizá-lo é necessário selecionar uma pequena amostra representativa da população-alvo, administrar o questionário a esses participantes, observar suas reações, dificuldades e sugestões e fazer ajustes conforme necessário. Se forem observadas falhas, o questionário é reformulado, de forma que as perguntas fiquem mais claras, revisando as opções de resposta. Um questionário bem projetado, após o pré-teste, aumenta a probabilidade de coletar dados válidos e confiáveis.

A coleta de dados também pode ser feita em fontes secundárias. Os dados secundários são aqueles encontrados em documentos já publicados ou em outras fontes, como, por exemplo, dados de IBGE, do DATASUS e de órgãos estaduais e municipais. Existem várias vantagens em usar dados secundários, pois eles não oneram o orçamento da pesquisa, estão imediatamente disponíveis, a custos baixos ou nulos. No entanto, não são dados inéditos e não seguem os critérios específicos do delineamento amostral da pesquisa. Sem contar que também não proporcionam o contato direto com o fenômeno que é objeto de análise e investigação. A descrição e o detalhamento da técnica escolhida são fundamentais para avaliar a extensão dos resultados e suas limitações, e como estes dados poderão ser tabulados e analisados.

Após os dados terem sido coletados, são feitas a sua tabulação e a sua análise. A tabulação é feita em planilhas de dados e visa organizá-los para análise. A análise de dados tem como objetivo sintetizar os resultados obtidos com a pesquisa, testar as hipóteses levantadas e suscitar novas questões e hipóteses a serem testadas. Tabelas e gráficos são usados para auxiliar na visualização de padrões e fenômenos, e facilitam o entendimento daquilo que se quer mostrar, apreendendo importantes detalhes e relações.

5.3.6 A apresentação de um trabalho

A apresentação do trabalho deverá ressaltar a contribuição da sua pesquisa para o meio acadêmico ou para o desenvolvimento da ciência e da tecnologia. A seção de resultados de um estudo, quando apresentada isoladamente, é a etapa na qual são apresentadas as descobertas sem as interpretações ou implicações destes. Ou seja, ela se destina a apenas descrever os principais achados do estudo, a síntese dos dados obtidos por meio das coletas de dados realizadas.

As questões principais do trabalho são aquelas que devem ser diretamente abordadas e discutidas. Diferente de uma narrativa ou texto literário, deve-se começar relatando de imediato os principais resultados e os dados mais relevantes. Mostrar de imediato se sua hipótese foi respondida ou não e discutir as limitações de seus métodos e resultados é o aspecto mais importante na descrição dos resultados. O texto científico é direto e objetivo, os resultados devem ser apresentados da mesma forma.

A correlação com os estudos, os problemas e os postulados descritos na introdução é feita na discussão. Em algumas revistas há a possibilidade de resultados e discussão serem apresentados juntos. Neste caso, a cada apresentação de um aspecto dos resultados é necessário promover sua interpretação e discutir suas implicações.

A compreensão dos resultados também fica melhor se eles seguirem a ordem da apresentação dos materiais e métodos. Se os materiais e os métodos estiverem separados por itens e/ou subtítulos, a apresentação dos resultados deve seguir o mesmo formato. É importante que a divisão em subtítulos seja realizada de acordo com a natureza e a relação entre as variáveis. O mais importante é que tanto materiais e métodos quanto resultados sejam apresentados em uma ordem lógica.

Em relação ao texto, use verbos no passado para descrever os resultados; no entanto, refira-se a figuras e tabelas usando o presente. Atualmente, recomenda-se utilizar a primeira ou terceira pessoa na voz ativa e na voz passiva. Desta forma, recomenda-se o uso de "fiz" ou "fizemos" no lugar de "foi feito", "analisei" ou "analisamos" no lugar de foi analisado. Esta forma passiva era utilizada para demonstrar impessoalidade ou neutralidade. Hoje em dia considera-se que tal imparcialidade ou neutralidade é demonstrada por meio da apresentação de resultados e na discussão, quando todos os aspectos positivos e negativos do fenômeno são levantados e analisados.

A forma de apresentação dos resultados depende da natureza e da quantidade de resultados. Eles podem estar descritos no texto, podem ser apresentados em figuras, tabelas ou quadros. Em situações em que há poucos resultados para serem apresentados, eles podem estar apenas descritos no texto. Se estes forem descritos no texto não há a necessidade de apresentação, figuras ou tabelas. A não ser que essa descrição seja parcial e existam outros resultados complementares que são explicados no texto mas não literalmente descritos. O ideal é que o texto resuma os resultados encontrados e chame atenção para os aspectos mais importantes para o conjunto das estatísticas apresentadas.

As estatísticas de medida central (média, mediana e/ou moda) e dispersão (desvio-padrão, variância, erro-padrão etc.) e, também, os parâmetros dos testes estatísticos e seus respectivos valores de significância (p) são fundamentais na apresentação de resultados quantitativos. Estes resultados podem ser apresentados em tabelas e gráficos. As figuras, os gráficos e as tabelas são recursos utilizados para melhorar a apresentação e a interpretação dos resultados, torná-los mais claros e inteligíveis. As figuras são usadas para ilustrar áreas de campo, mapas, situações de laboratório e experimentos, equipamentos, e, também, auxiliam na interpretação dos resultados. Gráficos são utilizados, via de regra, para demonstrar resultados quantitativos, estes devem ser apresentados de forma simples, clara e objetiva, sem exagero de efeitos e recursos na apresentação dos resultados. Cuidados em relação à apresentação de figuras incluem a verificação da informação que elas estão passando, deve-se ter o cuidado de que a informação que se quer mostrar na figura esteja clara, não poluída com vários outros elementos que possam dificultar a sua interpretação. Outro elemento importante é a escala. Muitas vezes fotos de estruturas, objetos e organismos exigem uma escala para que o leitor tenha ideia do seu tamanho.

As tabelas, as figuras e os gráficos devem ser citados no corpo do texto, e numerados sequencialmente de acordo com sua aparição no trabalho. As legendas desses elementos devem conter toda a informação necessária para entender o que está sendo mostrado, elas devem ser autoexplicativas, de forma que o leitor não precise recorrer ao texto para entendê-las.

5.3.7 Discussão

A discussão é a etapa em que os resultados são confrontados com os outros dados existentes na literatura sobre determinado assunto. Na discussão espera-se que o autor diga se conseguiu ou não responder à pergunta (ou às perguntas) do trabalho, bem como ponderar limitações e possíveis avanços a serem realizados. Desta forma, espera-se que o autor possa avaliar até que ponto o trabalho colaborou para a elucidação do problema ou até que ponto a hipótese levantada foi corroborada ou rechaçada. Também espera-se que na discussão novas perguntas e novas hipóteses relacionadas aos pontos abordados possam surgir.

Assim como os resultados, se a metodologia e os resultados forem separados em tópicos, recomenda-se que a discussão possa seguir o mesmo formato, sendo mantida a mesma ordem realizada na divisão da apresentação dos resultados feita no trabalho. É interessante que, quando a discussão for realizada em subtópicos, inicie o primeiro parágrafo, anteriormente aos tópicos, apresentando esta estratégia de discussão fragmentada. Ou seja, faça um parágrafo introdutório explicando que será adotada a estratégia de discutir os resultados em vários tópicos, e use uma frase de ligação para fazer a transição para o próximo tópico a ser discutido.

A discussão deve se ater a explicar seus resultados frente ao conhecimento já estabelecido e não apresentar os resultados novamente, comparando os dados do trabalho com dados encontrados em outros trabalhos. As explicações também devem ser acompanhadas de comparações com resultados referentes à fundamentação teórica de outros estudos demonstrando resultados parecidos ou diferentes, ressaltando os principais pontos concordantes ou divergentes. Limitações metodológicas devem ser também discutidas, bem como possíveis melhorias nas análises.

Alguns trabalhos exigem a elaboração de uma conclusão. Ela deve ser objetiva e direta, sem grande volume de informações e sem referência. Em alguns estudos, como relatórios técnicos, elas são apresentadas em forma de tópico e podem ser chamadas de recomendações.

5.4 A Importância da Leitura

O hábito da leitura é capaz de enriquecer nossa mente e nossa expressão. Quando lemos regularmente, ampliamos nosso vocabulário e nos tornamos mais familiares com diversos assuntos. Essa prática não apenas contribui para uma formação de qualidade, mas também facilita nossa comunicação de forma correta e eficiente. Embora a tecnologia tenha seu papel, nada substitui a experiência de folhear páginas físicas e se perder na narrativa de um bom livro. Para tornar a leitura mais eficiente, é essencial manter o foco e ter sempre em mente o objetivo da leitura. Além disso, adotar uma postura crítica é fundamental: avalie os argumentos do autor, verifique a validade das afirmações e esteja atento às entrelinhas. Todo texto traz intenções implícitas que vão além das palavras escritas. Por fim, realizar sínteses e resumos ajuda a consolidar o conhecimento e a identificar os pontos-chave.

Com o surgimento da internet, ganhamos acesso a uma quantidade imensa de informações. No entanto, junto a essa facilidade, também enfrentamos um desafio: a disseminação de notícias falsas, conhecidas como *Fake News*. É crucial desenvolver habilidades para avaliar a autenticidade dos textos que encontramos *online*. Para isso, devemos verificar a autoria, considerar a credibilidade da fonte e analisar a autoridade dos autores citados. Afinal, discernir entre o verdadeiro e o falso é essencial na era digital.

Para avaliar a adequação e a pertinência de um texto, existem diferentes tipos de leitura (Cervo; Bervian, 2002). Um deles é a pré-leitura, que serve como uma leitura de reconhecimento inicial. Quando se trata de livros, é importante examinar a folha de rosto, os índices e a bibliografia. Além disso, fazer uma leitura superficial dos primeiros parágrafos dos capítulos pode fornecer *insights*. No caso de artigos, avalie o título, verifique o periódico em que foi publicado e leia o resumo para obter uma visão geral. Pode-se também proceder uma leitura seletiva, fixando naqueles dados e informações de interesse. Para isso, é necessário definir os critérios por meio dos quais essa seleção será feita.

Os tipos de leitura mais complexos são a leitura crítica e a leitura interpretativa. Na primeira, selecionamos as ideias principais e analisamos e comparamos as informações em busca de similaridades ou discordâncias, permitindo que tiremos nossas próprias conclusões. Na segunda, focamos na interpretação dos resultados e na integração dos dados.

Por conta do grande acesso à informação que temos recentemente é muito importante saber selecionar o que vai ler. Para isso, pode-se fazer uma leitura de reconhecimento; alguns elementos podem ajudar a identificar se a publicação será útil para o objetivo que pretende alcançar no seu estudo (Cervo; Bervian, 2002; Rover, 2006):

- **Capa e contracapa:** a capa pode fornecer informações sobre o tema, o estilo e o público-alvo do livro. Às vezes, até a arte da capa pode dar pistas sobre o conteúdo. A contracapa geralmente contém uma sinopse ou resumo do livro.

- **Autor:** investigar o autor é crucial. Verifique sua credibilidade, experiência e formação na área. Autores renomados geralmente têm mais chances de produzir conteúdo confiável.

- **Orelhas:** as orelhas (parte interna da capa) frequentemente contêm recomendações de outros autores, especialistas ou críticos. Isso pode ajudar a entender a relevância do livro.

- **Sumário:** é como um mapa do livro. Ele lista os capítulos e os tópicos abordados. Dê uma olhada para ver se o conteúdo se alinha com o que você procura.

- **Referências**: verificar as fontes citadas pelo autor é uma ótima maneira de avaliar a base do conhecimento. Referências sólidas indicam pesquisa cuidadosa.

- **Introdução e prefácio:** a introdução geralmente apresenta o propósito do livro e o que você pode esperar. O prefácio pode fornecer contexto adicional.

Lembre-se também de considerar o contexto em que a publicação foi escrita. Alguns livros podem ser clássicos, mas podem estar desatualizados em relação às descobertas mais recentes.

A organização da leitura é como um mapa que nos guia pelo vasto território do conhecimento. Para aproveitarmos ao máximo o que lemos, podemos criar fichas de leitura. Nessas fichas, anotamos os pontos essenciais do texto, como conceitos-chave, argumentos centrais e detalhes da fonte (autor, título, revista ou livro).

Com o advento da era digital, temos acesso a uma infinidade de referências em formato PDF. Organizar esses arquivos em pastas virtuais por assunto facilita a busca quando precisamos consultar algo específico. Além disso, programas como o Mendeley permitem gerenciar nossa biblioteca, inserir citações no Word e exportar automaticamente a lista de referências. Assim, a leitura se torna não apenas uma jornada, mas também uma ferramenta poderosa para o aprendizado e a pesquisa. Esse programa tem uma função que faz a conexão com o editor de Word, do Pacote Office, de forma que ele permite colocar a citação no texto, e no final da redação do texto o programa tem uma função que exporta para o documento em Word todas as referências das citações que você utilizou no texto.

A organização de referências é um passo importante, pois permite o acesso a trabalhos antes vistos e que você deseja acessar de novo. No caso de programas como o Mendeley, citado no parágrafo anterior, já há possibilidade de criação de pastas específicas desses artigos em pdf e a possibilidade de busca pelo nome do autor ou palavras-chave do trabalho. De qualquer forma, é interessante que os documentos em formato digital também estejam organizados em pastas no computador. Isso também ajuda a encontrar os arquivos se, por algum problema qualquer, não se conseguir acessar os programas de referências bibliográficas. Se o material que você utilizou está em papel, a maneira mais prática é separá-las em pastas por assunto.

5.5 Atitudes e apresentação de trabalhos

A etapa de apresentação de trabalhos é uma das formas de divulgação e permite também a discussão com outras pessoas de aspectos e pontos que podem ser melhorados e/ou modificados. Um trabalho bem apresentado ganha maior visibilidade e audiência. Uma apresentação técnica precisa ser pensada e planejada de forma que a mensagem fique clara e que os principais pontos do trabalho possam ser destacados e entendidos.

Um dos primeiros aspectos a serem pensados é a definição do público-alvo. Públicos distintos demandam diferentes abordagens. Fazer a apresentação para um público externo muitas vezes exige adequação de linguagem e na forma como os dados são apresentados. A apresentação deve ser adequada ao nível de formação e ao tipo de público que está presente. Apresentações para pares de sua área de trabalho e para reuniões científicas devem conter todos os elementos, e é possível se aprofundar as questões técnicas mais complexas, já trabalhos de divulgação para um público mais leigo devem ser sumarizados e simplificados no seu formato e na sua linguagem. Para um público de formação diversificada ou de menor escolaridade, deve-se pensar quais são os aspectos práticos que seu trabalho pode ter ou contribuir, ou que elementos podem ser mais valorizados pela audiência que você está tendo.

Geralmente, apresentações não devem durar mais de 50 minutos/1hora, pois apresentações muito longas cansam. O tempo de 50 minutos é o adequado parar prestar atenção naquilo que está sendo dito sem ter perda de atenção. Portanto, planeje sua apresentação para este tempo e ajuste o conteúdo de acordo com a duração disponível. Não use muitos *slides* ou figuras muito complexas – excesso de informação também atrapalha. *Slides* com muito texto são cansativos e geram perda de atenção, e se o apresentador ficar lendo a situação piora e sua audiência vai certamente ficar desinteressada. Coloque nos *slides* referências, figuras, tabelas que ajudem você e quem está assistindo a entender o ponto que você está colocando. Em tabelas e figuras mostre na imagem o que quer demonstrar, ressalte os resultados que deseja ou o padrão que quer que as pessoas percebam. Quando usar fotos, destaque o que quer mostrar nela, verbalmente ou até mesmo na própria figura.

Se o tempo for muito curto, atenha-se ao aspecto mais relevante de seu trabalho, depois apenas cite os outros aspectos que seu trabalho aborda. Vá direto ao ponto, e evite ficar lendo o conteúdo dos *slides* – eles devem servir para a sua orientação e da plateia. A melhor forma de apresentar é entender o que está sendo apresentado; e coloque referências no *slide* para lhe lembrar daquilo que deve ser dito. Se ficar nervoso, coloque dois ou três *slides* sobre a estrutura da apresentação e sobre os pontos que vai abordar. Decore palavras ou conceitos-chave que são os fios condutores do seu trabalho. Palavras-chave são muito importantes, pois possibilitam fazer a ligação com o conteúdo ou a ideia a serem apresentados. Pense e repense o encadeamento lógico das ideias e se não está faltando nenhum conceito-chave ou etapa importante para que o público entenda seu trabalho. Mantenha uma linha de encadeamento lógico das ideias: uma vez estabelecida uma ideia, desenvolva-a. Tenha sempre em mente que ninguém sabe mais do seu trabalho do que você e, portanto, detalhes que, para você, são desnecessários, para a sua plateia podem não ser.

Na apresentação é mais importante passar a ideia geral do trabalho, o entendimento mais profundo deve ficar para o artigo ou relatório escrito. Para um trabalho de pesquisa ou relato técnico, uma boa tática é começar com um *slide* único que sintetize a linha condutora de seu trabalho. Ele pode vir logo depois do *slide* de título, antes do *slide* da estrutura do trabalho (Maillard, 2010). Da mesma forma, é sempre bom, ao final da apresentação, fazer uma conclusão com uma mensagem final, chamada de *take home message*, aquela que ficará na cabeça do público. É a conclusão do seu trabalho e a mensagem principal que você deseja passar. Prefira *slides* de cores neutras ou com figuras de fundo com baixa nitidez, luz e brilho. Preste atenção à cor da letra e ao contraste entre o material do *slide* (letras, figuras, tabelas etc.) e o fundo dos *slides*. O material que você está apresentando deve sempre sobressair.

Uma atividade importante se você não tem muita prática em apresentações e para evitar o nervosismo é ensaiar, quanto mais ensaiar mais você perceberá os pontos fortes e fracos de seu trabalho. Tente passar rapidamente pelos pontos fracos e ressalte os pontos fortes. Se por acaso esquecer o que tem de falar, dê uma pausa, olhe bem para os *slides* e tente se lembrar do ponto em que parou. Alguns programas permitem que se coloque observações que só podem ser vistas por você, que não aparecem na apresentação, mas estão nas observações do *slide* na tela do computador, utilize esse recurso. Fale em tom moderado e pausadamente, tente não falar muito alto ou muito devagar, pois isso torna a apresentação ou irritante ou monótona.

5.6 Critérios para a publicação de trabalhos e escolha do local de publicação

Um artigo é avaliado, principalmente, pela sua originalidade e pelo seu mérito técnico-científico. A originalidade tem relação com as novidades que um trabalho traz, a novidade dos dados, do local ou do aspecto analisado. O mérito técnico-científico tem relação com a relevância do trabalho, com o tema abordado, com a clareza da metodologia utilizada e a abrangência dos resultados no fenômeno estudado. A revista para onde quer enviar seu trabalho deve ser pensada segundo esses critérios. Procure selecionar periódicos que se enquadrem ao tema abordado e avalie a qualidade e o nível de seu trabalho científico. Trabalhos descritivos, com problemas metodológicos ou com um número amostral pequeno, podem não ser bem aceitos em revistas mais criteriosas.

Os índices usados para avaliar revistas científicas são ferramentas importantes para medir sua relevância e impacto. Os principais são o Fator de Impacto (*Impact Factor*), calculado pela *Web of Science* (WoS), que representa a média de citações recebidas por artigos publicados em uma revista nos últimos dois anos. Quanto maior o Fator de Impacto, maior a importância percebida da revista na comunidade acadêmica. Outro importante é o Índice de Imediatez, que mede a rapidez com que os artigos de uma revista são citados após a publicação. É útil para avaliar o impacto imediato da pesquisa. Outro índice é a Meia-Vida das Publicações, que se refere ao tempo médio que leva para metade das citações ocorrerem após a publicação. Revistas com meia-vida mais longa geralmente têm maior estabilidade e relevância. No Brasil, o sistema Qualis é usado para classificar revistas científicas. Este índice leva em conta diferentes estratos (A1, A2, B1, B2 etc.) com base na qualidade e na relevância das revistas em diferentes áreas.

Esses índices ajudam pesquisadores, editores e instituições a tomar decisões sobre onde publicar e a avaliar a influência da pesquisa. O seu trabalho deve ser pensado de acordo com esses aspectos e sua adequação às revistas quanto à relevância ao escopo da revista, e quanto à inovação e à abrangência do seu estudo. A opinião de seus colegas, de seu orientador, de seus superiores é importante para tirar dúvidas e obter dicas e *insights*. Assim que escolheu a revista em que pretende publicar, adeque seu trabalho às normas de publicação que estão disponíveis no *site* da revista – cada revista tem normas específicas e que devem ser seguidas.

Após cumpridas essas etapas, é só submeter o trabalho, que atualmente é feito *online* no próprio sistema de submissão. Em seguida, o editor verificará se o artigo cumpriu as normas, fez o envio de todos os arquivos e documentos, a pertinência do artigo em relação ao escopo da revista, a originalidade da pesquisa e contribuição do estudo à área do conhecimento. Se o artigo estiver de acordo com as normas, será encaminhado aos avaliadores, também chamados de juízes (*referees*, em inglês). Caso esteja faltando alguma informação ou o manuscrito não atenda às normas, provavelmente será devolvido aos autores para adequação ou, em alguns casos, pode ser rejeitado imediatamente, por este motivo. Os avaliadores (geralmente dois) vão fazer uma análise mais detalhada do artigo, também verificam a originalidade e a contribuição da pesquisa e, por serem especialistas na área de interesse do artigo, emitem seus pareceres em relação ao conteúdo e à forma.

Os avaliadores devolverão seu trabalho com críticas e sugestões. Não encare as críticas como pessoais, os avaliadores não sabem quem são os autores. Antes de submeter aos autores, o editor retira as informações pessoais, assegurando um processo denominado *blind review* (avaliação cega) por pares (*peer review*). Ou seja, os avaliadores não têm a menor chance de saber quem são os autores. Portanto, as críticas feitas têm relação apenas com a avaliação a respeito e a qualidade do trabalho. Após a emissão dos pareceres, o editor recebe os comentários e toma uma decisão em relação ao artigo, que pode ser aceitação, sugestão de correções simples ou extensas, ou rejeição. A decisão final, na maioria das revistas, é do editor. Em caso de opiniões divergentes entre os avaliadores, um terceiro revisor é consultado. Nesta situação, é acrescentado um tempo extra de análise. Os autores então recebem os pareceres e/ou os comentários do editor e existe a possibilidade de seu trabalho ser rejeitado para a publicação. Neste caso, é necessário analisar a pertinência das críticas e avaliar se as falhas graves presentes no trabalho podem ser sanadas antes de pensar em nova submissão. Após as correções, os autores devem reenviar o artigo para nova análise, e o processo recomeça. Podem ser necessárias algumas rodadas de avaliação até a aprovação (ou rejeição) do manuscrito. Cada revista tem um prazo diferente para isso (Ferraz; Navas, 2016).

A comunicação com pares, especialmente durante o processo de publicação de um artigo científico, é fundamental. É necessário manter a cordialidade e a colocação formal, ao se comunicar com editores e revisores, manter uma postura cordial e formal é essencial. Isso demonstra respeito e profissionalismo. Lembre-se de tratar todos os envolvidos com educação, mesmo em situações de discordância. Quando receber *feedback* dos revisores, encare isso como uma oportunidade de aprimoramento. Responda a todas as dúvidas e críticas de forma objetiva e construtiva. Explique suas escolhas e, se necessário, faça ajustes no artigo. Os prazos estabelecidos pela revista são cruciais. Não deixe de enviá-los. Se precisar de mais tempo, comunique-se com os editores e explique a situação. Após a revisão, quando o artigo estiver no formato final, você receberá a prova. Nessa etapa, concentre-se em correções gramaticais e ortográficas. Não faça alterações significativas no conteúdo. Uma vez aprovada a prova, o artigo segue para publicação. Lembre-se de que todo esse processo faz parte da contribuição valiosa que você está fazendo para o avanço do conhecimento.

Capítulo 6

O Mercado de Trabalho em Ciências Biológicas – Bacharelado

6.1 Considerações gerais sobre a Atuação Profissional do Biólogo Bacharel

Finalmente, no presente capítulo, apresentamos uma breve avaliação sobre as variações nas principais tendências de mercado de trabalho, bem como as áreas de maior oferta de oportunidades e empregabilidade para Bacharéis em Biologia. Além disso, a ausência na estrutura curricular da maioria dos cursos, sobre orientações voltadas à prática e às questões de atuação profissional, faz com que os bacharelandos tenham uma visão muito estreita da profissão, deixando de perceber possíveis áreas de atuação e oportunidades de emprego (Oliveira *et al.*, 2007).

Dadas a abrangência de áreas e campos de conhecimento das Ciências Biológicas e a sua interseção com vários outros campos como Veterinária, Agronomia, Engenharia Ambiental e Florestal, Biomedicina, dentre outras, faz-se relevante apontar que a empregabilidade está estreitamente associada ao perfil de formação do egresso, bem como os de interesse do mercado ou a oferta de vagas em concursos públicos. Como já foi mostrado anteriormente, o estágio supervisionado pode ser importante na definição da área que se quer seguir na Biologia.

Para além desses aspectos, a implantação de planos e programas governamentais que visam atender demandas societárias relacionadas à empregabilidade, educação, infraestrutura e serviços, e bem-estar socioambiental, por exemplo, melhoram as perspectivas de inserção produtiva no mercado de trabalho, em geral, com efeitos positivos sobre a atividade dos Biólogos.

As Políticas Macroeconômicas, por exemplo, à medida que injetam investimentos na ampliação, infraestrutura e serviços, e incrementam a empregabilidade de profissionais de nível superior e especialistas, ampliam as ofertas de vagas no setor privado ou no público. No Brasil, podemos citar como exemplo o Programa de Aceleração para o Crescimento (PAC), criado em 2007, em um contexto de crescimento socioeconômico e investimentos da União na ampliação e instalação de infraestrutura e serviços do setor secundário, em grande parte, consistindo em processos (planejamento, projeto, execução de obras e operação) de elevado impacto ambiental.

Nesse contexto, dada a segurança jurídica vigente no que se refere às ações de proteção e mitigação de danos ambientais, houve elevada demanda por biólogos para atuarem como técnicos, consultores, analistas, gerentes de projetos no licenciamento ambiental, em todas as etapas desse processo. Neste sentido, as oportunidades eram distribuídas entre as empresas públicas e privadas com favorabilidade aos biólogos da área ambiental.

Já durante a pandemia da COVID-19, como fenômeno de saúde com notável representação socioeconômica, o mercado de trabalho foi mais favorável à assimilação e alocação, ainda que temporária, de Biólogos Bacharéis com experiência na área da saúde, sobretudo para atuar como Epidemiologistas, Analistas Clínicos, Analistas de Biologia Molecular, dentre outras atuações afins. Desse modo, houve estreito envolvimento da mão de obra acadêmica, ou seja, de biólogos atuantes nas instituições de ensino e pesquisa, sobretudo do setor público, mas empresas privadas de análises clínicas (laboratórios e centro de estudos hospitalares) e clínicas de vacinação também aumentaram a demanda por mão de obra especializada ou com maior qualificação profissional.

Nesse contexto, biólogos com experiência na área da saúde ou da biotecnologia e produção foram mais favorecidos. No entanto, em um cenário pandêmico de recessão econômica, os profissionais que atuavam em atividades administrativas relacionadas à área de meio ambiente, bem como as empresas de consultoria ambiental foram, relativamente, menos favorecidos devido à paralisação ou desaceleração das atividades de gestão ambiental, auditoria, monitoramento, assessoria e consultoria e até no controle de qualidade de laboratórios de certos ramos de atuação como produção e beneficiamento de alimentos, análise ambiental, dentre outros.

Desse modo, admite-se que flutuações nos cenários socioeconômico e político, bem como no sanitário e no ambiental, são determinantes para a importância relativa de uma determinada área da Biologia ou da maior ou menor oferta de emprego em uma área em detrimento de outra, e isso pode variar no tempo e no espaço.

Tratando-se de espaço, considerando as proporções geográficas continentais do nosso país, cabe ressaltar que cada região com suas peculiaridades oferece oportunidades distintas, a depender das demandas predominantes e políticas públicas implementadas em crescimento socioeconômico, investimento em saúde e bem-estar socioambiental, educação e meio ambiente, e tecnologias.

6.2 Panorama das áreas, das subáreas e das atividades profissionais do Biólogo

As atividades profissionais do Biólogo são regulamentadas pelo Decreto nº 88.438, de 28 de junho de 1983, e pela Resolução CFBio nº 10, de 05 de julho de 2003, e pela Resolução CFBio nº 227, de 18 de agosto de 2010.

Conforme prevê o art. 3º da Resolução CRBio nº 227/2010, as "atividades profissionais que poderão ser exercidas no todo ou em parte, pelo Biólogo, de acordo com seu perfil profissional" são:

- Assistência, assessoria, consultoria, aconselhamento e recomendação.
- Direção, gerenciamento e fiscalização.
- Ensino, extensão, desenvolvimento, divulgação técnica, demonstração, treinamento e condução de equipe.
- Especificação, orçamentação, levantamento e inventário.
- Estudo de viabilidade técnica, econômica, ambiental e socioambiental.
- Exame, análise e diagnóstico laboratorial, vistoria, perícia, avaliação, arbitramento, laudo, parecer técnico, relatório técnico, licenciamento e auditoria.
- Formulação, coleta de dados, estudo, planejamento, projeto, pesquisa, análise, ensaio e serviço técnico.
- Gestão, supervisão, coordenação, curadoria, orientação e responsabilidade técnica.
- Importação, exportação, comércio e representação.
- Manejo, conservação, erradicação, guarda e catalogação.
- Patenteamento de métodos, técnicas e produtos.

- Produção técnica, produção especializada, multiplicação, padronização, mensuração, controle de qualidade, controle qualitativo e quantitativo.
- Provimento de cargos e funções técnicas.

Essas atividades, que de certo modo condicionam as atribuições do profissional biólogo no seu cargo ou função, podem ser realizadas no âmbito de uma das 46 subáreas de atuação em meio ambiente e biodiversidade, 26 subáreas da saúde, e 16 subáreas da biotecnologia e produção (Quadro 6.1). Em outras palavras, cada subárea de atuação abarca uma certa variedade de atividades. Por exemplo, na Arborização Urbana (atividade 2 em Meio Ambiente) assim como no Licenciamento Ambiental (atividade 36 em Meio Ambiente), o Biólogo poderá atuar como técnico ou analista ou consultor ou coordenador de estudos ou gestor, de modo que em cada um dos cargos suas atribuições serão específicas das suas funções.

Deve-se estar atento às atividades e áreas que são convergentes quanto às possibilidades de atuação. Por exemplo, as atividades envolvidas em Aquicultura (atividade 1 em Meio Ambiente) convergem com atribuições das atividades de Manejo e Produção de Espécies da Fauna Silvestre Nativa e Exótica (atividade 33 em Meio Ambiente). Logo, um Biólogo, ao longo da sua carreira, pode desenvolver competências e habilidades que lhe confiram qualificação profissional para atuar em ambas as atividades, a depender das atribuições exigidas.

Outros fatores, para os quais os graduandos e recém-formados devem estar atentos, se referem às novas habilitações dos Biólogos, regulamentadas por normas posteriores à Resolução CFBio nº 227/2010.

Quadro 6.1 - Relação das áreas de atuação em Meio Ambiente e Biodiversidade, Saúde e Biotecnologia, e Produção.

Meio Ambiente e Biodiversidade	Saúde	Biotecnologia e Produção
1. Aquicultura: Gestão e Produção	1. Aconselhamento Genético	1. Biodegradação
2. Arborização Urbana	2. Análises Citogenéticas	2. Bioética
3. Auditoria Ambiental	3. Análises Citopatológicas	3. Bioinformática
4. Bioespeleologia	4. Análises Clínicas (Essa resolução em nada altera o disposto nas Resoluções n°s 12/93 e 10/2003.)	4. Biologia Molecular
5. Bioética	5. Análises de Histocompatibilidade	5. Bioprospecção
6. Bioinformática	6. Análises e Diagnósticos Biomoleculares	6. Biorremediação
7. Biomonitoramento	7. Análises Histopatológicas	7. Biossegurança
8. Biorremediação	8. Análises, Bioensaios e Testes em Animais	8. Cultura de Células e Tecidos
9. Controle de Vetores e Pragas	9. Análises, Processos e Pesquisas em Banco de Leite Humano	9. Desenvolvimento e Produção de Organismos Geneticamente Modificados (OGMs)
10. Curadoria e Gestão de Coleções Biológicas, Científicas e Didáticas	10. Análises, Processos e Pesquisas em Banco de Órgãos e Tecidos	10. Desenvolvimento, Produção e Comercialização de Materiais, Equipamentos e Kits Biológicos
11. Desenvolvimento, Produção e Comercialização de Materiais, Equipamentos e Kits Biológicos	11. Análises, Processos e Pesquisas em Banco de Sangue e Hemoderivados	11. Engenharia Genética/ Bioengenharia
12. Diagnóstico, Controle e Monitoramento Ambiental	12. Análises, Processos e Pesquisas em Banco de Sêmen, Óvulos e Embriões	12. Gestão da Qualidade

Meio Ambiente e Biodiversidade	Saúde	Biotecnologia e Produção
13. Ecodesign	13. Bioética	13. Melhoramento Genético
14. Ecoturismo	14. Controle de Vetores e Pragas	14. Perícia/Biologia Forense
15. Educação Ambiental	15. Desenvolvimento, Produção e Comercialização de Materiais, Equipamentos e Kits Biológicos	15. Processos Biológicos de Fermentação e Transformação
16. Fiscalização/Vigilância Ambiental	16. Gestão da Qualidade	16. Treinamento e Ensino em Biotecnologia e Produção
17. Gestão Ambiental	17. Gestão de Bancos de Células e Material Genético	
18. Gestão de Bancos de Germoplasma	18. Perícia e Biologia Forense	
19. Gestão de Biotérios	19. Reprodução Humana Assistida	
20. Gestão de Jardins Botânicos	20. Saneamento	
21. Gestão de Jardins Zoológicos	21. Saúde Pública/Fiscalização Sanitária	
22. Gestão de Museus	22. Saúde Pública/Vigilância Ambiental	
23. Gestão da Qualidade	23. Saúde Pública/Vigilância Epidemiológica	
24. Gestão de Recursos Hídricos e Bacias Hidrográficas	24. Saúde Pública/Vigilância Sanitária	
25. Gestão de Recursos Pesqueiros	25. Terapia Gênica e Celular	
26. Gestão e Tratamento de Efluentes e Resíduos	26. Treinamento e Ensino na Área de Saúde	

Meio Ambiente e Biodiversidade	Saúde	Biotecnologia e Produção
27. Gestão, Controle e Monitoramento em Ecotoxicologia		
28. Inventário, Manejo e Produção de Espécies da Flora Nativa e Exótica		
29. Inventário, Manejo e Conservação da Vegetação e da Flora		
30. Inventário, Manejo e Comercialização de Microrganismos		
31. Inventário, Manejo e Conservação de Ecossistemas Aquáticos: Límnicos, Estuarinos e Marinhos		
32. Inventário, Manejo e Conservação do Patrimônio Fossilífero		
33. Inventário, Manejo e Produção de Espécies da Fauna Silvestre Nativa e Exótica		
34. Inventário, Manejo e Conservação da Fauna		
35. Inventário, Manejo, Produção e Comercialização de Fungos		
36. Licenciamento Ambiental		
37. Mecanismos de Desenvolvimento Limpo (MDL)		
38. Microbiologia Ambiental		

Meio Ambiente e Biodiversidade	Saúde	Biotecnologia e Produção
39. Mudanças Climáticas		
40. Paisagismo		
41. Perícia Forense Ambiental/Biologia Forense		
42. Planejamento, Criação e Gestão de Unidades de Conservação (UC)/Áreas Protegidas		
43. Responsabilidade Socioambiental		
44. Restauração/Recuperação de Áreas Degradadas e contaminadas		
45. Saneamento Ambiental		
46. Treinamento e Ensino na Área de Meio Ambiente e Biodiversidade		

6.3 Tendências de mercado em Biologia

Frente à variedade de possibilidades de atuação do Biólogo, o mercado de trabalho para este profissional é, portanto, diversificado com alguns desafios a serem superados. Entre os desafios enfrentados pelo recém-formado em Biologia destacam-se:

I. Exigência do mercado por boa qualificação profissional, razão pela qual as experiências de estágio são tão importantes.

II. Elevada competição entre biólogos que atuam na mesma área – o que agrava a necessidade de se buscar boa qualificação, capacitação e continuidade na formação acadêmica, como em cursos , de pós-graduação *lato sensu* e *stricto sensu*.

III. Sobreposição de atuação com outros cursos, como Farmácia e Biomedicina, sobretudo na área de Saúde e Biotecnologia, e com Gestão Ambiental (Tecnólogo) e Engenharia Ambiental, na área ambiental.

Uma pesquisa de vaga de emprego para biólogos em diversas plataformas de recrutamento, incluindo uma das maiores mídias sociais do mundo do empreendedorismo e do mercado de trabalho, demonstra que a maior parte das oportunidades divulgadas para Biólogos bacharéis, em geral, são em Análise e Conservação Ambiental, Desenvolvimento em Pesquisa e Inovação (Biotecnologias e Biologia Molecular) e no ramo de Agronegócio e Analista de Laboratório Clínico.

Na área da saúde, muitas oportunidades são ofertadas por empresas privadas, tais como Laboratórios de Análises Clínicas. Para isso, o biólogo deve, permanentemente, realizar capacitação e atualização da formação nas áreas funcionais consideradas fundamentais em análises clínicas e na adequação das suas capacidades à multidisciplinaridade, adquiridas por meio do título de Especialista em Análises Clínicas, conseguidas em certificações e formações específicas na área (Lopo, 2016).

Ainda na área da saúde, o biólogo pode atuar em atividades de uso de injetáveis, de imunização, punções e coletas de um modo geral, no âmbito do SUS (Resolução nº 615/2021), pode também atuar em práticas integrativas e complementares em saúde, tais como Fitoterapia, Acupuntura ou Terapia de florais e outras, instituídas no âmbito do SUS (Brasil, 2015) (Resolução nº 614/2021) ou em Saúde Estética (nº 582/2020). Todas essas práticas podem ser realizadas desde que o profissional tenha formação complementar que o habilite na área.

No caso da área de meio ambiente, existem muitas oportunidades em empresas de consultoria que atuam em licenciamento ambiental. Para isso, é aconselhável uma pós-graduação na área de Licenciamento ou Gestão Ambiental, ou especialização em algum táxon (mamíferos, aves, plantas etc.) para conduzir as avaliações necessárias, estabelecidas pelas Resoluções nºs 526/2019 e 480/2018, que dispõem sobre a atuação do biólogo do manejo e conservação da fauna e da flora. Dentro desta mesma área, recentemente, é possível a atuação do biólogo como responsável técnico em processos de outorga de uso e de recursos hídricos (Resolução CFBio nº 581/2020), que também requer a devida especialização na área de Gestão de Recursos Hídricos. Outra possibilidade, ainda na área de meio ambiente, é a atuação em áreas tais como empresas de controle de vetores e pragas (Resolução nº 627/2022).

No caso da área de Biotecnologia, desde 2019, o biólogo está habilitado a atuar na área de Biotecnologia e Produção, podendo atuar no desenvolvimento e na manutenção de bancos de células vegetais, animais e de material genético, participar no desenvolvimento e na utilização de ferramentas de bioinformática por meio de técnicas computacionais, dentre outras atribuições (Resolução nº 517/2019).

Outras possibilidades estendidas aos recém-formados residem nas ofertas de cargos públicos vagos, cujo provimento requer a aprovação em concurso público de prova ou provas e títulos e nomeação. No setor público, as vagas são oferecidas por instituições que atuam em ramos variados, como em educação básica, ensino técnico e tecnológico, instituições de pesquisa e ensino superior, secretarias municipais em meio ambiente e saúde, órgãos ambientais da União, dos estados e do Distrito Federal, órgãos regulatórios e Ministérios, sobretudo da educação, da saúde, do meio ambiente e da mudança do clima, empresas da administração pública em pesquisa, fiscalização, monitoramento e controle ambiental, sanitário, bem como de outros setores de atividades socioeconômicas, e alguns órgãos normativos, quando requerido conhecimento de especialista em assunto de interesse convergente com os conhecimentos das ciências biológicas.

Na investidura em cargo público, os candidatos devem atender aos requisitos exigidos no edital, documento norteador das regras dos concursos públicos. Logo, para cada cargo é exigida determinada formação acadêmica ou especialização segundo as atribuições previstas para a função. Algumas instituições, entretanto, a depender do cargo e da função, selecionam candidatos com formação em qualquer área do ensino superior, desde que o curso de graduação seja reconhecido pelo Ministério da Educação (MEC).

Por fim, uma outra possibilidade, é o empreendedorismo. Muitos negócios em Biologia são possíveis, como, por exemplo, ter a sua própria empresa de consultoria e assessoria em qualquer grande área da Biologia – empresa de consultoria ambiental ou em análises clínicas ou biotecnológicas, empresa de ecoturismo, de educação ambiental e outras áreas (https://www.euquerobiologia.com.br/2022/06/como-ter-ideias-de-negocio-na-biologiahtml).[4] Mais informações podem ser adquiridas assistindo o Webinar Empreendedorismo na Biologia, do CRBio-6, disponível em https://www.youtube.com/watch?v=cgIrZ9UX9Ek.[5]

Na área de empreendedorismo, alguns biólogos de destaque no Brasil perceberam ou criaram demandas em áreas do mercado que não eram preenchidas, podendo, portanto, ser caracterizadas como ideias inovadoras surgidas a partir de uma oportunidade de mercado. Como exemplo de empreendedorismo, podemos citar: i) os cursos de identificação botânica presenciais ou remotos oferecidos por empresas especializadas que fazem a manutenção de canais e perfis em mídias sociais para a divulgação de chamadas e de conteúdos; ii) a criação de aplicativos para subsidiar o estudo de jovens nas mais diversas áreas de conhecimento como Botânica, Zoologia, Ecologia, dentre

---

4   Acesse o link pelo QR Code 1 disponível no Anexo ao final do livro.

5   Acesse o link pelo QR Code 2 disponível no Anexo ao final do livro.

outros; iii) a venda de cursos sobre manejo da fauna e licenciamento ambiental; iv) a abertura de clínicas de vacinação; v) a abertura de empresas para a prestação de serviços ambientais.

Particularmente, citamos aqui o curso "O Segredo da Identificação de Plantas", do biólogo botânico Rodrigo Polisel, lançado em 2015, tendo capacitado mais de 1.500 pessoas em 1 ano. Em 2016, fundou uma escola de Botânica, Biodiversidade e Meio Ambiente, o portal e-Flora (https://www.eflora.com.br/)[6], pertencentes à empresa Brasil Bioma. Igualmente, como exemplo, também podemos citar o curso do professor Marcos Vital em Biomatemática, Bioestatística, Ecologia, Evolução, *software* R (https://hotmart.com/pt-br/marketplace/produtos/r-expresso-prof-marcos-vital/F48350363F)[7], que há 7 anos está sendo ofertado e é muito bem avaliado nas plataformas digitais.

Isso demonstra que é plenamente possível que você, graduando, formando ou recém-formado, perceba que pode "investir" em uma ou mais atuações de um leque tão amplo de possibilidades, de forma multidisciplinar.

---

6   Acesse o link pelo QR Code 3 disponível no Anexo ao final do livro.

7   Acesse o link pelo QR Code 4 disponível no Anexo ao final do livro.

CONSIDERAÇÕES FINAIS

Encerramos aqui este livro sobre Estágio Supervisionado para Bacharelandos em Ciências Biológicas, que teve como principais objetivos fornecer orientações imprescindíveis à vida do estagiário e do recém-formado, e promover reflexões sobre o papel do estagiário (discente) no meio acadêmico e na sociedade.

A obra reúne dados secundários oriundos, preferencialmente, de artigos científicos de revisão por pares, livros, legislação e normas dispositivas, e, em alguns casos, de informações provenientes de páginas eletrônicas de instituições governamentais e não governamentais. Ao longo dessas páginas que você leu agora, fornecemos informações sobre a história de um curso tão abrangente e tão completo do ponto de vista da compreensão, da manutenção e da proposição de soluções para a preservação das mais variadas formas de vida, passando pelos currículos do curso já existente no Brasil, as normas que regulamentam a atividade do biólogo e as mais variadas possibilidades de atuação, dentre outros.

Esperamos que o conteúdo deste livro tenha lhe auxiliado a compreender melhor aquilo que representa o estágio supervisionado e o quão importantes são as experiências vividas nessa etapa da formação acadêmica e seus impactos nas oportunidades profissionais. Nosso objetivo é auxiliar o leitor, futuro biólogo, a fazer a melhor escolha profissional para si.

Saudações biológicas.

ANEXO
QR CODES

QR Code 1:

QR Code 2:

QR Code 3:

QR Code 4:

REFERÊNCIAS

ALTARUGIO, M. N.; SOUZA NETO, S. O Papel do Orientador e a Formação do Professor Reflexivo no Estágio Supervisionado da Área de Ciências. **Acta Scientiae**, Canoas, v. 24, n. 4, p. 174-191, jul./ago. 2019.

ANDRADE, E. S. Linguagem corporal para entrevista de emprego: técnicas e dicas. **JNT Facit Business and Technology Journal**. ed. 43, v. 01, p. 164-174, 2023. Disponível em: http://revistas.faculdadefacit.edu.br.

ANDRADE, R. C. R.; RESENDE, M. Aspectos legais do estágio: uma retrospectiva histórica. **Revista Multitexto**, v. 3, n. 1, p. 58-64, 2015.

ARAUJO, E. P. R.; TOLEDO, M. C. M.; CARNEIRO, C. D. A evolução histórica dos cursos de Ciências Naturais na Universidade de São Paulo. *TERRÆ* n. 11, 2014. Disponível em: https://www.ige.unicamp.br/terrae/V11/PDFv11/TV11-Elias-3.pdf. Acesso em: nov. 2022.

ARAÚJO, M. C. de. **Recrutamento e seleção com base em competências.** Rio de Janeiro, 2012. Monografia (Especialização em Gestão Empresarial) – Universidade Cândido Mendes, Rio de Janeiro, 2012, 39 p.

ASSOCIAÇÃO BRASILEIRA DE NORMAS TÉCNICAS. ABNT. NBR 14274:2001 – **Elaboração de projetos para cursos de graduação.** Rio de Janeiro: ABNT, 2001.

ASSOCIAÇÃO BRASILEIRA DE NORMAS TÉCNICAS. ABNT. NBR 6022:2018 – **Informação e documentação** – Artigo em publicação periódica científica – Apresentação. Rio de Janeiro: ABNT, 2018.

BANDEIRA, M.; QUAGLIA, M. A. C.; FREITAS, L. C.; SOUSA, A. M. DE; COSTA, A. L. P.; GOMIDES, M. M. P.; LIMA, P. B. Habilidades interpessoais na atuação do psicólogo. **Interação em Psicologia**. Curitiba, ago. 2006. Disponível em: https://revistas.ufpr.br/psicologia/article/view/5710. Acesso em: 15 nov. 2023.

BENNETT, D.; ROBERTSON, R. Preparing students for diverse careers: developing career literacy with final-year writing students. **Journal of University Teaching & Learning Practice**, v. 12, n. 3, p. 1-16. Disponível em: https://ro.uow.edu.au/jutlp/vol12/iss3/5. Acesso em: 12 fev. 2025.

BIANCHI, A. C. M.; ALVARENGA, M.; BIANCHI, R. *Manual de orientação – estágio supervisionado*. 4. ed. São Paulo: Cengage Learning Brasil, 2012.

BLOOM, B. S. **Human characteristics and school learning**. New York: McGraw-Hill, 1976.

BORGES, J. L. G.; CARNIELLI, B. L. Educação e estratificação social no acesso à universidade pública. **Cadernos de Pesquisa**, v. 35, n. 124, p. 113-139, jan./abr. 2005. Disponível em: http://educa.fcc.org.br/scielo. php?script=sci_arttext&pid=S0100-15742005000100007&lng=pt&nrm=iso. Acesso em: 12 fev. 2025.

BOWDICHT, J. L.; BUONO, A. F. **Elementos de comportamento organizacional**. Tradução: José Henrique Lamedorf. São Paulo: Thompson Pioneira, 1992.

BRAGA, M.; GUERRA, A.; REIS J. C. **Breve história da ciência moderna**: a belle-époque da ciência (séc. XIX). Rio de Janeiro: Jorge Zahar Editor, 2007.

BRANDÃO, H. P. **Aprendizagem, contexto, competência e desempenho: um estudo multinível**. 2009. xi, 345., il. Tese (Doutorado em Psicologia Social, do Trabalho e das Organizações) – Universidade de Brasília, Brasília, 2009.

REFERÊNCIAS

BRANDO, F. R.; CALDEIRA, A. M. A. Investigação sobre a identidade profissional em alunos de Licenciatura em Ciências Biológicas. **Ciência & Educação**, Bauru, v. 15, n. 1, : 2009.

BRASIL. Lei n° 11.788, de 25 de setembro de 2008. Dispõe sobre o estágio de estudantes; altera a redação do art. 428 da Consolidação das Leis do Trabalho – CLT, aprovada pelo Decreto-Lei n° 5.452, de 1° de maio de 1943, e a Lei n° 9.394, de 20 de dezembro de 1996; revoga as Leis n°s 6.494, de 7 de dezembro de 1977, e 8.859, de 23 de março de 1994, o parágrafo único do art. 82 da Lei n° 9.394, de 20 de dezembro de 1996, e o art. 6° da Medida Provisória n° 2.164-41, de 24 de agosto de 2001; e dá outras providências. Brasília – DF, **Diário Oficial da União**, de 26 de setembro de 2008.

BRASIL. Ministério da Saúde. **Política Nacional de Práticas Integrativas e Complementares no SUS:** atitude de ampliação de acesso. 2. ed. Brasília: Senado Federal, 2015.

BUCHO, J. L. C. **A árvore das competências em criatividade:** árvore do conhecimento e da vida. Piscologia.pt – o portal dos Psicólogos, 2016.

CAMARGO, P. S. **Linguagem corporal:** técnicas para aprimorar relacionamentos pessoais de profissionais. 4. ed. São Paulo: Summus, 2017.

CAMARGO, R.; BARROSO, A. A educação na era do conhecimento. **Sinergia**, São Paulo, v. 11, n. 1, p. 79-85, jan./jun. 2010.

CANAL CIÊNCIA. **Paulo Emílio Vanzolini, História das Ciências**. [*S.d.*]. Disponível em: https://canalciencia.ibict.br/historia-das-ciencias/cientista/?item_id=27277. Acesso em: out. 2022.

CARNEIRO, L. L. Qualidade de vida no trabalho. In: RIBEIRO, E. M.; RANGEL, M. T. R.; FERREIRA, R. A. **Livros Digitais** – Especialização em Gestão de Pessoas com Ênfase em Gestão por Competências no Setor Público EaD (SEAD). Ed. Superintendência de Educação a Distância. 1. ed., 1. reimp. Salvador: UFBA, PRODEP, 2018. (Coleção Gestão de Pessoas com Ênfase em Gestão por Competências).

CENTRO DE INTEGRAÇÃO EMPRESA-ECOLA – CIEE. **Postura e imagem profissional**. 2019. Disponível em: https://sabervirtual.ciee.org.br/play/curso/38210496?institution=sabervirtual. Acesso em: 29 out. 2023.

CENTRO DE INTEGRAÇÃO EMPRESA-ESCOLA DO ESPÍRITO SANTO – CIEE-ES. **Dicas para montar um bom currículo**. 8 de janeiro de 2020. Disponível em: https://www.ciee-es.org.br/blog/estudantes/dicas-para-montar-um-bom-curriculo. Acesso em: 17 nov. 2023.

CERVO, A. L.; BERVIAN, P. A. **Metodologia científica**. 5. ed. São Paulo: Pearson Prentice Hall, 2002.

CESA, M. P. **Lei de Estágio:** uma análise Dogmática e crítica à luz do dever de o Estado garantir a efetividade dos direitos fundamentais ao trabalho, a educação e a qualificação profissional. 2007. Dissertação (Mestrado). Universidade de Caxias do Sul. 285p.

CHAN, D.; FITZSIMMONS, C. M.; MANDLER, M. D.; BATISTA P. J. Ten simple rules for acing virtual interviews. **PLoS Comput Biol** 17(6): e1009057, 2021.

CIAMPA, A. Identidade. In: LANE, S.; CODO, W. (Orgs.). **Psicologia social:** o homem em movimento. 9. ed. São Paulo: Brasiliense, 1991. p. 58-75.

CIÊNCIAS, Academia Brasileira de. **Livro reúne obra completa do Acadêmico Paulo Vanzolini**. ABC. 2010. Disponível em: https://www.abc.org.br/2010/10/11/livro-reune-obra-completa-do-academico–paulo-vanzolini/. Acesso em: 9 fev. 2025.

REFERÊNCIAS

COHEN, C.; SEGRE, M. **Bioética**. 3. ed. revista e ampliada. São Paulo: Editora da Universidade de São Paulo; 2008. p. 17-40.

COHEN, C.; SEGRE, M. Breve discurso sobre valores, moral, eticidade e ética. **Bioética**, v. 2, n. 1, p. 19-24,1994.

CONSELHO NACIONAL DE DESENVOLVIMENTO CIENTÍFICO E TECNOLÓGICO. **Sobre a Plataforma Lattes**. Disponível em: http://lattes.cnpq.br/. Acesso em: 04 nov. 2024.

CONSELHO DE JUSTIÇA FEDERAL – CJF. **Biólogos podem concorrer a vagas de engenheiro e de analista ambiental**. Página Inicial/Outras Notícias. publicado 13 de janeiro de 2011.

CONSELHO FEDERAL DE BIOLOGIA – CFBio. **Código de Ética Profissional do Biólogo**. Resolução CFBio n° 02, de 05 de março de 2002.

CONSELHO FEDERAL DE BIOLOGIA – CFBio. **Instrução n° 04/2007**. Dispõe sobre proposta (sugestão) de Tabela de Referência de Honorários para Biólogos (hora/trabalho). Brasília, 05 de novembro de 2010. Disponível em: https://cfbio.gov.br/wp-content/uploads/2019/07/INST04_2007.pdf.

CONSELHO FEDERAL DE BIOLOGIA – CFBio. **Instrução CFBio n° 09/2010**. Dispõe sobre sugestão de piso salarial para Biólogos. Brasília, 05 de novembro de 2010. Disponível em: http://www.crbio02.gov.br/Noticias.aspx?n=67&t=INSTRU%C3%87%C3%83O%20CFBio%20N%C2%B0%2009/2010#.

CONSELHO FEDERAL DE BIOLOGIA – CFBio. Resolução n° 538, de 06 de dezembro de 2019. Dispõe sobre a atuação do Biólogo na área de análises laboratoriais animal, e dá outras providências. DOU, Seção 1, de 11 de dezembro de 2019. Disponível em: https://cfbio.gov.br/2019/12/11/resolucao-no-538-de-06-de-dezembro-de-2019/.

CONSELHO FEDERAL DE BIOLOGIA. CFBIO. **RESOLUÇÃO CFBio N° 12, DE 19 DE JULHO DE 1993**. CFBio. Disponível em: https://cfbio. gov.br/1993/07/19/resolucao-cfbio-no-12-de-19-de-julho-de-1993/. Acesso em: 9 fev. 2025.

CONSELHO FEDERAL DE BIOLOGIA. CFBIO. **RESOLUÇÃO CFBio N° 3, DE 2 DE SETEMBRO DE 1997**. CFBio. Disponível em: https:// cfbio.gov.br/1997/09/04/resolucao-cfbio-no-3-de-2-de-setembro-de-1997/. Acesso em: 9 fev. 2025.

CONSELHO FEDERAL DE BIOLOGIA. CFBIO. **RESOLUÇÃO N° 227, DE 18 DE AGOSTO DE 2010**. CFBio. Disponível em: https://cfbio.gov. br/2010/08/18/resolucao-no-227-de-18-de-agosto-de-2010/. Acesso em: 11 fev. 2025.

CONSELHO FEDERAL DE BIOLOGIA. CFBIO. **RESOLUÇÃO N° 582, DE 17 DE DEZEMBRO DE 2020**. CFBio. Disponível em: https://cfbio. gov.br/2020/12/24/resolucao-no-582-de-17-de-dezembro-de-2020/. Acesso em: 11 fev. 2025.

CONSELHO FEDERAL DE BIOLOGIA. CFBIO. **RESOLUÇÃO N° 517, DE 07 DE JUNHO DE 2019**. CFBio. Disponível em: https://cfbio.gov. br/2019/06/21/resolucao-no-517-de-07-de-junho-de-2019/. Acesso em: 11 fev. 2025.

CONSELHO FEDERAL DE BIOLOGIA. **CFBIO. RESOLUÇÃO N° 581, DE 4 DE DEZEMBRO DE 2020**. CFBio. Disponível em: https://cfbio.gov. br/2020/12/23/resolucao-no-581-de-4-de-dezembro-de-2020/. Acesso em: 11 fev. 2025.

CONSELHO FEDERAL DE BIOLOGIA. CFBIO. **RESOLUÇÃO N° 627, DE 8 DE SETEMBRO DE 2022**. CFBio. Disponível em: https://cfbio.gov. br/2022/09/16/resolucao-no-627-de-8-de-setembro-de-2022/. Acesso em: 11 fev. 2025

CONSELHO NACIONAL DE EDUCAÇÃO – CNE. Câmara de Educação Superior. Resolução CNE/CES nº 7, de 11 de março de 2002, **Diário Oficial da União**, de 11 de março de 2002.

CONSELHO NACIONAL DE EDUCAÇÃO – CNE. Câmara de Educação Superior. Resolução CNE/CES nº 7, de 11 de março de 2002. **Diário Oficial da União**, Brasília, 26 de março de 2002. Seção 1, p. 12. Disponível em: http://portal.mec.gov.br/cne/arquivos/pdf/CES07-2002.pdf. Acesso em: nov. 2022.

CONSELHO NACIONAL DE EDUCAÇÃO – CNE. Câmara de Educação Superior. Diretrizes Curriculares Nacionais para os Cursos de Graduação em Ciências Biológicas. Parecer CNE/CES nº 1.301, de 6 de novembro de 2001. Despacho do Ministro em 04 de dezembro de 2001, publicado no **Diário Oficial da União** de 07 de dezembro de 2001, Seção 1, p. 25.

CONSELHO NACIONAL DE EDUCAÇÃO – CNE. Câmara de Educação Superior. Parecer CNE/CES nº 1.301, de 06 de novembro de 2001. **Diário Oficial da União**, Brasília, 06 de novembro de 2001.

CONSELHO REGIONAL DE BIOLOGIA 1ª REGIÃO – CRBio-01. **História** – 40 anos de regulamentação da profissão Biólogo. Cuiabá MT. [*S.d.*]. Texto originalmente publicado na edição especial do **Jornal Biologia**, a. 9, n. 117, de agosto de 2004. Disponível em: https://www.crbio01.gov.br/institucional/historia. Acesso em: ago. 2023.

DELANEY, A. M. Voices of experience: renewing higher education with alumni studies. **Tertiary Education and Management**, United Kingdom, v. 6, n. 2, p. 137-156, 2000.

DIAS, R. **Sociologia e ética profissional**. São Paulo: Editora Pearson, 2014.

DOBZHANSKY, T. Nothing in Biology Makes Sense except in the Light of Evolution. **The American Biology Teacher**, v. 35, n. 3, p. 125-129, 1973.

DORON, R.; PAROT, F. **Dicionário de Psicologia**. Lisboa: Climepsi Editores, 2001.

DURAND, T. L'alchimie de la compétence. **Revue Française de Gestion**, v. 127, n. 1, 2000.

EDVINSSON, L.; MALONE, M. S. **Capital intelectual**. São Paulo: Makron Books, 1997.

EDWARDS, C.; STOLL, B.; FACULAK, N.; KARMAN, S. Social presence on LinkedIn: Perceived credibility and interpersonal attractiveness based on user profile picture. **Online Journal of Communication and Media Technologies**, v. 5, n. 4, p. 102-115, 2015.

ELIA, C. **O senhor da história – com Paulo Nogueira Neto**. ((o))eco. 2006. Disponível em: <https://oeco.org.br/reportagens/10947-oeco16589/>. Acesso em: 9 fev. 2025.

FACHIN, Odília. **Fundamentos de metodologia**. 4. ed. São Paulo: Saraiva, 2003. 195p.

FÁVERO, M. L. L. A. A universidade no Brasil: das origens à Reforma Universitária de 1968. **Educar**, Curitiba: UFPR, n. 28, p. 17-36, 2006. Disponível em: https://www.scielo.br/j/er/a/yCrwPPNGGSBxWJCmLSPfp8r/?format=pdf&lang=pt. Acesso em: 12 fev. 2025.

FERNANDEZ, C. M. B SILVEIRA, D. N. Formação inicial de professores: desafios do estágio curricular supervisionado e territorialidades na licenciatura. **Anais da 30ª Reunião Anual da ANPED**, Caxambu, 2007. Disponível em: http://30reuniao.anped.org.br/trabalhos/GT04-3529--Int.pdf. Acesso em: 12 fev. 2025.

REFERÊNCIAS

FERRAZ, É. C.; NAVAS, A. L. G. P. **Publicação de artigos científicos:** recomendações práticas para jovens pesquisadores. São Paulo: Clube de Autores (ABEC), 2016.

FERREIRA, A. B. H. **Dicionário escolar da língua portuguesa**. Editora: Positivo, 2011. 992p.

FERREIRA, V. M. **As práticas de Estágio Supervisionado em Biologia a partir dos últimos relatos publicados no Encontro Nacional de Pesquisas em Ensino de Ciências (ENPEC)**, Campina Grande – PB, 2015. Dissertação de Mestrado, Universidade Estadual da Paraíba (EUPB), Centro de Ciências Biológicas e da Saúde (CBS), 2015, 31p.

FISCHER, M. L.; GRECA, A. C. S.; GOMES, C. J.; MOSER, A. M. Percepção de carreira e projeto profissional de alunos do curso de Biologia. **Estudos de Biologia**. 34, 82, nov. 2012.

FLEURY, A. C. C.; FLEURY, M. T. L. Construindo o conceito de competência construindo o conceito de competência. **Revista de Administração Contemporânea**, Edição Especial, 2001.

FLEURY, A. C. C.; FLEURY, M. T. L. **Estratégias empresariais e formação de competências**. São Paulo: Atlas, 2000.

FREITAS, B. S. P.; VITOR, N. R.; PARANHOS, R. D.; GUIMARAES, S. S. M. **Os Motivos de Escolha dos Acadêmicos pela Licenciatura em Ciências Biológicas** – Período Noturno. Universidade Federal de Goiás, 2013.

FRENCH, E.; BAILEY, J.; ACKER, E.; WOOD, L. From mountaintop to corporate ladder – what new professionals really want in a capstone experience! **Teaching in Higher Education**, v. 20, n. 8, p. 767-782, 2015.

GESTAL, A. F. L. de. **O peso da aparência para mulheres e homens na indústria de serviços financeiros**. Dissertação (mestrado profissional MPGC) – Fundação Getulio Vargas, Escola de Administração de Empresas de São Paulo, 2023. 34 f.

GISI, M. L. *et al.* **Revista Diálogo Educacional**, Curitiba: PUCPR, v. 1, n. 2, jul./dez. 2000.

GOLEMAN, D. Flame first, think later: New clues to e-mail misbehavior. **New York Times**, F5, 2007.

GOTELLI, N. J.; ELLISON, A. M. **Princípios de Estatística em Ecologia**. Porto Alegre: Artmed, 2015.

GRAMIGNA, M. R. Árvore de competências em criatividade. **Revista Recre@rte**, n. 5, 2006. Disponível em: http://www.iacat.com/Revista/ recrearte/recrearte05/Seccion1/Competencias.htm. Acesso em: 12 fev. 2025.

GRAMIGNA, M. R. **Modelo de competências e gestão dos talentos**. São Paulo: Makron Books, 2002.

GRAZIOSI, M. E. S.; LIEBANO, R. E.; NAHAS F. X. **Pesquisa em Bases de Dados**, [*S.d.*]. Disponível em: https://www.unasus.unifesp.br/biblioteca_ virtual/esf/1/modulo_cientifico/Unidade_13.pdf. Acesso em: 18 out. 2019.

GUIMARÃES, C. M. Scripts para o palco das entrevistas de emprego. **Cadernos de Psicologia Social do Trabalho**, v. 14, n. 2, p. 263-278, 2011.

GUSTAVO, L.; GALIETA, T. Da saúde de ontem à saúde de hoje: a formação de professores desde a história natural às ciências biológicas no Brasil. **Revista de Educação em Ciência e Tecnologia**, Florianópolis, v. 10, n. 2, p. 197-221, nov. 2017.

HENRY, J. **A revolução científica**. Rio de Janeiro: Zahar, 1998.

REFERÊNCIAS

HOUAISS, A.; VILLAR, M. D. S.; FRANCO, F. M. D. M. **Dicionário Houaiss da língua portuguesa**. Rio de Janeiro: Objetiva, 2001.

INSTITUTO DE ESTUDOS AVANÇADOS DA UNIVERSIDADE DE SÃO PAULO – IEA – USP. Biodiversidade e Mudanças Climáticas. **Em comemoração à semana do meio ambiente e homenagem ao centenário de nascimento do Prof. Paulo Nogueira Neto (1922-2019)**. Evento com transmissão em: http://www.iea.usp.br/aovivo.

INSTITUTO DE BIOLOGIA DA USP – IB-USP. **Histórico:** memória do curso de Ciências Biológicas do IB. [*S.d.*]. Disponível em: https://graduacao. ib.usp.br/historico.html. Acesso em: 06 out. 2023.

LAMY, M. Dispositivos de formação de formadores de professores: qual profissionalização? In: ALTET, M.; PERRENOUD, P.; PAQUAY, L. (Orgs.). **A profissionalização dos formadores de professores**. São Paulo: Artmed, 2003, p. 41-43

LEININGER, E.; SHAW, K.; MOSHIRI, N.; NEILES, K.; ONSONGO, G.; RITZ, A. Ten simple rules for attending your first conference. **PLoS Comput Biol** 17(7): e1009133, 2021.

LIBÂNEO, J. C. Reflexividade e formação de professores: outra oscilação do pensamento pedagógico brasileiro?. In: PIMENTA, S. G.; GHEDIN, E. (Orgs.). **Professor reflexivo no Brasil:** gênese e crítica de um conceito. 7. ed. São Paulo: Cortez, 2012. p. 63-93.

LIMA, M. S. L. **A hora da prática:** reflexões sobre o estágio supervisionado e ação docente. Fortaleza: Edições Demócrito Rocha, 2004.

LOPO, S. O Biólogo na Saúde – Análises Clínicas. In: **V Congresso da Ordem dos Biólogos e I Cimeira Ibérica de Biólogos**, 7-9 abr. 2016.

MACHINESKI, R.; MACHADO, A. C.; SILVA, R. A importância do estágio e do programa de iniciação científica na formação profissional e científica. **Enciclopédia Biosfera**, v. 7, n. 13, 2011. Disponível em: https://conhecer.org.br/ojs/index.php/biosfera/article/view/4243. Acesso em: 20 nov. 2023.

MAGURRAN, A. E. **Medindo a diversidade biológica**. Curitiba: UFPR, 2013.

MAILLARD, N. **Apresentar um trabalho científico**. 2010. Disponível em http://www.inf.ufrgs.br/~nicolas/talks_presentations.html. Acesso em: 01 dez. 2019

MARTINS, D. B.; ESPEJO, M. M. S. B. **Problem Based Learning – PBL no ensino de contabilidade:** guia orientativo para professores e estudantes da nova geração. São Paulo: Atlas, 2015.

MARTINS, F. S.; MACHADO, D. C. Uma análise da escolha do curso superior no Brasil. **Revista Brasileira de Estudos de População**, Belo Horizonte, v. 35, n. 1, e0056, 2018.

MAYR, E. **Biologia, ciência única:** reflexões sobre a autonomia de uma disciplina científica. São Paulo: Companhia das Letras, 2005. 266p.

MCCLELLAND, D. C. Testing for competence rather than for "intelligence". **American Psychologist**, v. 28, n. 1, p. 1-14, 1973.

MEDEIROS, J. B. **Redação científica:** a prática de fichamentos, resumos, resenhas. 6. ed. São Paulo: Atlas, 2004. 323p.

MEJIAL, A. M. P.; MEDINA, C. B.; SOUZA, E. C.; CARVALHO, M. L. C. de; ABUD, P. C. de O. Inteligência emocional como competência essencial para a formação em pedagogia. **Revista Eletrônica de Ciências Humanas**, v. 4, n. 1. 2021.

MOREIRA, A. A. S. Como se comportar em uma entrevista de emprego. **Revista Científica Multidisciplinar Núcleo do Conhecimento**, a. 05, ed. 01, v. 09, p. 16-34, jan. 2020.

REFERÊNCIAS

MOURA, M. C. S ; SOBRAL, M. F. F. Gestão por competências com uso da metodologia multicritério na avaliação de profissionais de apoio administrativo de um call center. **Revista de Gestão e Secretariado – GeSec**, São Paulo, v. 5, n. 3, p. 01-27, set./dez. 2014.

MUSSAK, E. A nova competência. De que adianta produzir sem sustentabilidade, competir sem ética e conquistar sem moral. **Revista Você S/A**, set. 2009. Disponível em: https://eugeniomussak.com.br/a-nova-competencia/. Acesso em: nov. 2022.

NACIF, P. G. S.; CAMARGO, M. S. de. Desenvolvimento de competências múltiplas e a formação geral na base da educação superior universitária. In: **Fórum Nacional de Educação Superior**, Brasília, 2009. Disponível em: http://portal.mec.gov.br/forum-nacional-de-educacao-superior/contribuicoes. Acesso em: 12 fev. 2025.

OLIVEIRA, I. B.; SILVA, L. O.; SOUZA, J. M. H. E.; GOMES, J. P.; LUCENA, L. R. F.; AMARAL, W. S.; VASCONCELOS, S. D. Avaliação das percepções e expectativas de Bacharelandos em Biologia: perfil e regulamentação profissional. **Estudos em Avaliação Educacional**, v. 18, n. 36, p. 167-180, 2007.

OOSTROM, J. K. ; RONAY, R.; VAN KLEEF, G. A. The signalling effects of nonconforming dress style in personnel selection contexts: do applicants' qualifications matter?. **European Journal of Work and Organizational Psychology**, 30:1, p. 70-78, 2021.

PARANÁ. **Orientação para normalização de trabalhos acadêmicos**. UFPR, 1996. Disponível em: https://www.portal.ufpr.br/normalizacao.html. Acesso em: 10 dez. 2019.

PAUL, J. J. Acompanhamento de egressos do ensino superior: experiência brasileira e internacional. **Caderno CRH**, Salvador, v. 28, n. 74, p. 309-326, ago. 2015.

PAULOS, L.; VALADAS, S.; ALMEIDA, L. Práticas de seleção de graduados: currículo ideal e competências valorizadas. **Revista de Estudios e Investigación en Psicología y Educación**. 7, 2020.

PEDROSO, C. V.; SELLES, S. E. Formação de Professores de Biologia na UFSM nas décadas de 1960-70 e o processo de Conversão de História Natural para Ciências Biológicas. **Movimento – Revista de Educação**, v. 1, n. 1, p. 1-21, 2014.

RABAGLIO, M. O. **Ferramentas de Avaliação de Performance com Foco em Competência**. Rio de Janeiro: Quality Mark, 2008. 106p.

RAHMAWATI, Sri; ABIN SYAMSUDIN, Euis T. B.; MUTTAQIN, Kingking; ROSMIATI, Deti. Management of Noble Morals Education to Build the Soft Skill of Students through Inquiry Discovery Approach in Biology Learning. **Journal of Sosial Science**, 2, n. 4: 365-374, july 25, 2021.

ROESCH, S. M. A.; BECKER, G.; MELLO, M. I. de. **Projetos de estágio no curso de administração:** guia para pesquisas, projetos, estágios e trabalhos de conclusão de curso. São Paulo: Atlas, 1996.

ROSA, C. D. P. **História da ciência**. Brasília: Fundação Alexandre de Gusmão, 2010. v. II, t. I: A Ciência Moderna.

ROSA, V. L. Promovendo a profissionalização do biólogo: inserção da disciplina "Ética e Legislação Profissional" no curso de Ciências Biológicas da UFSC. In: Encontro Perspectivas do Ensino de Biologia, 7. **Anais do...** São Paulo, 2000, p. 62-64.

ROVER A. **Metodologia científica:** educação a distância. UNOESC, 2006. Disponível em: http://hugoribeiro.com.br/biblioteca-digital/UNOESC-Apost_Metod_Cient-1.pdf. Acesso em: 12 out. 2019.

REFERÊNCIAS

SALOMON, D. V. Como fazer uma monografia. 10. ed. rev. São Paulo: M. Fontes, 2001. 412p.

SANTOS, E. G.; MELO, D. F.; LARRÉ, I. R. N. M.; ARAÚJO, K. C.; PINHEIRO, R. C. P.; PUGAS, R. A. F.; OLIVEIRA, J. B. **Perfil socioeconômico e acadêmico dos estudantes de bacharelado em Ciências Biológicas da UFRPE.** XIII Jornada de Ensino, Pesquisa e Extensão – JEPEX 2013, Recife: UFRPE, 09 a 13 de dezembro.

SANTOS, M. da S. A importância do fator motivação no desempenho e desenvolvimento do colaborador na organização. **Revista Científica UMC,** *[S. l.]*, v. 6, n. 3, 2021. Disponível em: https://seer.umc.br/index.php/revistaumc/article/view/1703. Acesso em: 4 nov. 2024.;

SANTOS, S. C.; CARVALHO, M. A. F. **Normas e técnicas para elaboração e apresentação de trabalhos científicos.** Petrópolis: Ed. Vozes, 2015. 141p.

SÃO PAULO. Decreto n° 6.283, de 25 de janeiro de 1934. Cria a Universidade de São Paulo, e dá outras providências.. **DOE** 25.01.1934.

SÃO PAULO. Morre zoólogo e compositor Paulo Vanzolini; enterro será no Cemitério da Consolação. **Notícias. Institucional,** USP, 29 de abril de 2013. Disponível em: https://www5.usp.br/noticias/institucional/morre-zoologo-e-compositor-paulo-vanzolini-enterro-sera-no-cemiterio-da-consolacao/. Acesso em: out. 2022.

SCHWARTZ, M.; BAPTISTA, N.; CASTELEINS, V. A contribuição do estágio supervisionado no desenvolvimento de aptidões e formação de competências. **Revista Diálogo Educacional,** v. 2, n. 4, p. 105-111, jul./dez. 2001.

STÜLP, C. B.; MANSUR, S. S. O estudo de Claudio Galeno como fonte de conhecimento da anatomia humana. Khronos, Revista de História da Ciência, 7, p. 153-169, 2019. Disponível em: http://revistas.usp.br/khronos.

TEIXEIRA, D. E.; RIBEIRO, L. C. dos S.; CASSIANO, K. M.; MASUDA, M. O.; BENCHIMOL, Marlene. Avaliação institucional em Ciências Biológicas nas modalidades presencial e a distância: percepção dos egressos. **Ensaio:** Avaliação e Políticas Públicas em Educação. v. 23, n. 86, fev. 2015.

TEIXEIRA, D. E.; RIBEIRO, L. C. dos S.; CASSIANO, K. M.; MASUDA, M. O.; BENCHIMOL, Marlene. Perfil e destino ocupacional de egressos graduados em Ciências Biológicas nas modalidades a distância e presencial. **Revista Ensaio**, Belo Horizonte, v. 16, n. 01, p. 67-84, jan.-abr. 2014.

VASCONCELOS, S. D.; LIMA, K. E. C. O professor de Biologia em formação: reflexão com base no perfil socioeconômico e perspectivas de licenciandos de uma Universidade Pública. **Ciência & Educação**, v. 16, n. 2, p. 323-340, 2010.

VIANA, F. A. L. M. **Gestão de impressões nas redes sociais digitais: um estudo qualitativo.** Dissertação de Mestrado em Economia e Gestão de Recursos Humanos. Faculdade de Economia, Universidade do Porto. Porto – Portugal. 2018. 71p.

WERNECK, M. A. F.; SENNA, M. I. B.; DRUMOND, M. M.; LUCAS, S. D. Nem tudo é estágio: contribuições para o debate. **Ciência & Saúde Coletiva**, v. 15, n. 1, p. 221-231, 2010.

WORLD WIDE FUND FOR NATURE – WWF. **Paulo Nogueira-Neto** (1922-2019). *[S.d.].* Disponível em: https://www.wwf.org.br/wwf_brasil/historia_wwf_brasil/paulo_nogueira_neto/. Acesso em: 12 fev. 2025.

WORTMANN, M. L. C. Do Curso de Ciências Naturais da Universidade de Porto Alegre ao atual Curso de Ciências Biológicas da Universidade Federal do Rio Grande do Sul: examinando a trajetória de um currículo universitário. **Episteme 2**, 1996.